볼타가 들려주는 화학 전지 이야기

볼타가 들려주는 화학 전지 이야기

ⓒ 이미하, 2010

초　　판　1쇄 발행일 | 2005년 11월 30일
개정판　1쇄 발행일 | 2010년 9월 1일
개정판 12쇄 발행일 | 2021년 5월 28일

지은이 | 이미하
펴낸이 | 정은영
펴낸곳 | (주)자음과모음

출판등록 | 2001년 11월 28일 제2001-000259호
주　　　소 | 04047 서울시 마포구 양화로6길 49
전　　　화 | 편집부 (02)324-2347, 경영지원부 (02)325-6047
팩　　　스 | 편집부 (02)324-2348, 경영지원부 (02)2648-1311
e-mail　| jamoteen@jamobook.com

ISBN 978-89-544-2071-6 (44400)

볼타가 들려주는

화학 전지
이야기

| 이미하 **지음** |

㈜자음과모음

고성능 화학 전지를 발명하여 이동의 자유를
실현시킬 미래의 화학자들에게

오늘날을 디지털 시대라고 합니다. 제품의 정보가 숫자화 되고 그 숫자 신호를 사용하는 디지털 전기 제품의 양산으로 그렇게 불리는 것이지요. 디지털에서 이용하는 숫자는 불과 1과 0뿐입니다. 회로에 전류가 흐르는 것을 1, 그렇지 않은 것을 0으로 나타낸 후 이 두 숫자의 조합을 이용하여 모든 정보를 디지털 신호로 변환하는 것입니다. 이 신호가 여러 전자 제품 속에서 기능을 제어하고 있지요. 그러므로 디지털 시대는 곧 전기의 시대입니다.

그러나 그렇다고 전선 때문에 이동에 방해를 받을 수는 없지 않겠습니까? 바로 그러한 문제를 해결한 것이 건전지로 대표되는 화학 전지입니다. 볼타가 1800년에 볼타 전지를 개발한 이후 전지는 참으로 많은 발전을 하였습니다. 그것은 노트북, 휴대 전화와 같은 휴대용 전자 제품의 발전과 맥을 같이하고 있습니다.

사람들은 무선 통신의 세상에서 이동의 자유를 꿈꿉니다. 마음대로 돌아다니며 구속받지 않는 자유로운 삶을 꿈꾸지만, 한 가닥은 늘 세상과 연결되기를 바라지요. 그러한 자유의 폭은 배터리로 표현되는 전지의 성능에 비례합니다. 오지로 여행을 떠나거나 더 나아가 우주로 여행을 떠날 때에도 우리는 맨몸으로 갈 수 없습니다. 적어도 디지털 카메라 하나는 들고 가게 되지요.

이 책을 통해 여러분이 전기 에너지에 대한 기본 상식과 그 핵심을 담당하고 있는 화학 전지의 원리를 익혀서 합리적인 생활을 영위하기를 바랍니다. 나아가 앞으로 여러분이 화학자가 되어, 크기는 더 작고 더 뛰어난 성능을 가지면서도 환경 오염은 줄이는 그러한 전지를 개발해 주길 부탁드립니다. 앞으로 우리나라의 발전은 바로 이러한 전지 개발을 담당하는 화학자의 손에 달려 있다고 해도 과언이 아니기 때문입니다.

이 미 하

차례

정전기 이야기

화학 전지는 화학 반응을 이용하여 전기 에너지를 얻는 장치입니다.
전기는 어떻게 발견되었고, 왜 전기를 띠는지,
또 전기는 어떤 성질을 가지는지 알아봅시다.

1

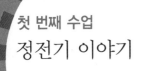

첫 번째 수업
정전기 이야기

굳게 다문 입이 고집스럽게 보이는
볼타가 첫 번째 수업을 시작했다.

안녕하세요? 나는 지금부터 여러분에게 화학 전지 이야기를 들려줄 이탈리아의 과학자 볼타입니다. 내가 발명한 화학 전지는 화학 에너지를 전기 에너지로 바꿔 주는 장치입니다. 당시에 나는 전지뿐만 아니라 마찰 전기부터 모든 전기에 관한 연구를 한 최고의 전기 물리학자였습니다.

전기는 인류가 최근에 사용하기 시작한 에너지입니다. 하지만 이제 전기가 없는 세상은 상상도 할 수 없지요. 집 안을 밝게 비추는 형광등부터 냉장고, 세탁기, 텔레비전 등의 가전 제품 외에도 컴퓨터, 휴대 전화 등 거의 모든 현대 과학 산물이 전기 에너지에 의해서 작동하고 있지요. 그런데 사람들은 사실 전기에 대해서 잘 몰라요. 그래서 오늘은 여러분에게 전기에 대한 여러 가지 이야기를 하려고 해요. 특히 최초로 발견된 정전기에 대한 이야기를 통해 전기가 무엇인지 알아보려고 합니다.

전기의 발견

전기란 인간이 만드는 것이 아니라 자연에 스스로 존재하는 성질이에요. 빅뱅 이후로 물질이 탄생하면서부터 존재해 왔지요. 그런데 왜 일찍 발견되지 못했을까요? 또 처음에 어떻게 발견되었을까요? 그것은 마찰 전기를 통해서였어요.

여러분, 겨울철 화학 섬유로 된 옷을 벗을 때 머리카락이 옷에 달라붙으며 위로 솟고 타닥타닥 소리와 함께 불꽃이 튀는 현상을 경험한 적이 있을 거예요. 이것은 옷을 이루는 섬유가 마찰에 의해 전기를 띠기 때문에 나타나는 현상이지요.

사람들은 이러한 마찰 전기를 이용하여 전기를 발생시키는 장치를 발명했어요. 그러한 장치를 기전기라고 했지요. 최초의 기전기는 1660년경 독일의 물리학자 게리케(Otto von

Guericke, 1602~1686)가 녹은 황을 넣은 구를 회전시키면서 마찰을 발생시켜 전기를 만들었어요. 나도 이러한 원리를 응용하여 기전기를 만들었는데, 황을 넣은 구 대신 비단을 감은 원통을 회전시켜 마찰 전기를 발생시켰지요.

마찰을 시키면 왜 전기를 띠게 되는 것일까요?

전기의 근원은 전자와 양성자

물질은 원자로 이루어져 있습니다. 그런데 이러한 원자도 하나의 알갱이가 아니라 (+)전하를 띤 양성자와 전기를 띠지 않은 중성자로 이루어진 핵과 (−)전하를 띤 전자들로 구성되

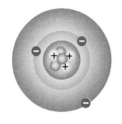

+	양성자 - (+)전기	원자핵
◯	중성자	
⊖	전자 - (−)전기	

어 있지요. 이러한 원자 속에 들어 있는 양성자와 전자 각각이 띠고 있는 전기의 양, 즉 전하량은 1.6×10^{-19}C로 크기는 같고 부호만 반대예요. 그래서 이 2종류의 입자를 같은 수로 가지고 있는 원자는 서로의 전기가 상쇄되어 전기를 띠지 않아요. 그러한 중성의 원자로 이루어진 분자나 그들의 집합인 물질도 전기를 띠지 않아요.

이온화와 대전

가끔씩 중성 원자 속 전자 일부가 자신이 속한 원자를 벗어나 공기 중으로 날아가거나 다른 원자로 이동하는 현상이 발생하지요. 그러면 (+)전하와 (−)전하 사이의 균형이 깨어져 전자를 잃은 원자는 (+)전기를 띠는 양이온이 되고 전자를 얻은 원자는 (−)전기를 띠는 음이온이 되지요. 이처럼 원자

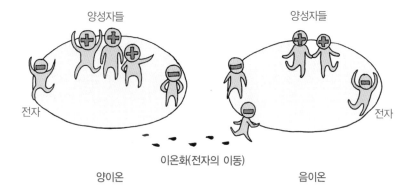

양성자들

전자

이온화(전자의 이동)

양이온   음이온

양성자들

전자

가 전자를 잃거나 얻어 전기를 띠는 현상을 이온화라고 합니다. 그래서 전기는 (+)전기와 (−)전기의 2가지랍니다.

전자 이동이 일어나려면 약간의 에너지가 필요합니다. 왜냐하면 평상시 (+)전기를 띠는 원자핵이 (−)전기를 띠는 전자를 꽉 붙잡고 있기 때문이에요. 이러한 핵의 인력을 뿌리치기 위해서는 전자가 강한 힘, 즉 이온화 에너지가 있어야

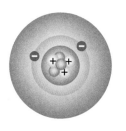

양성자(+) 수−3개
전자(−) 수−2개
(+)전기를 띤다.

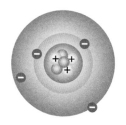

양성자(+) 수−3개
전자(−) 수−4개
(−)전기를 띤다.

하는 것이죠. 전자가 이온화 에너지를 얻는 방법으로는 열에너지를 흡수하거나, 빛 에너지를 흡수하거나, 다른 강한 에너지를 띤 입자와 충돌하거나 높은 전압을 걸어 주는 방법이 있어요.

원자로 이루어진 물체가 일부 원자의 이온화에 의해 전기를 띠는 현상을 대전이라고 하지요. 두 물체를 비벼 마찰을 시키면 열이 발생하는데 그 열에너지를 이용하여 일부 전자가 이동하여 대전되는 현상이 마찰 전기입니다.

다음에 나오는 그림을 보면, 아래는 플라스틱이고 위는 명주 헝겊이에요. 즉, 헝겊에서 플라스틱으로 (−)전하를 띤 입자의 일부가 이동하는 모습입니다.

과학자의 비밀노트

대전열

두 물체를 마찰시키면 한쪽 물체는 (+)전기를, 다른 쪽 물체는 (−)전기를 띠게 되는데 동일한 물체라도 마찰하는 상대의 물체에 따라 (+) 또는 (−)로 대전된다. 이처럼 대전 실험을 통해 물체가 전하를 얻거나 잃는 정도를 순서대로 나열한 것을 대전열이라고 한다.

⇒ 대전열의 순서

(+)털가죽−상아−유리−명주−나무−고무−에보나이트(−)

호박에서 유래한 전기

마찰 전기에 대한 가장 오래된 기록은 기원전 600년경으로 거슬러 올라갑니다. 이 당시 사람들이 귀하게 여기던 보석 중에 소나무의 송진이 오랫동안 땅속에서 굳어 노란색의 투명한 유리처럼 된 호박이라는 것이 있었어요. 고대 그리스의 철학자 탈레스(Thales, B.C.624?~B.C.546?)는 보석을 닦기 위해 헝겊으로 문지르고 나면 먼지나 실오라기 따위가 달라붙는 것을 관찰하였지요. 탈레스는 호박에 영혼이 깃들어 있어 물질을 끌어당기는 것이라고 생각했어요.

하지만 마찰 전기가 구체적으로 밝혀진 것은 탈레스보다 2천여 년 늦은 16세기 말, 영국 엘리자베스 1세의 의사였던 길버트(William Gilbert, 1544~1603)에 의해서였어요. 그는 호박에 대하여 여러 가지 실험을 한 끝에 마찰 전기를 알아 냈지요. 길버트는 호박 이외에도 유리, 수정, 유황 등을 마찰시키면 마찬가지로 가벼운 물체를 끌어당긴다는 것을 발견했어요. 그는 이러한 현상을 물질이 호박화(electrified)하기 때문이라고 생각했어요. 여기서 호박화하는 원인이 되는 것을 전기(electricity)라고 부르게 되었던 것이지요. 호박이 그리스 어로 elektron이기 때문에 전기를 나타내는 영어가 electricity가 된 거예요.

방전 현상과 번개

　한국이나 동양에서 쓰는 전기의 '電'자는 실은 번개를 뜻하는 '雷'자에서 유래한 것입니다. 폭우가 내리는 날에는 으레 천둥 번개가 치는데 이것은 마찰 전기 때문입니다.

　구름 속에는 수많은 물방울과 얼음이 섞여 있는데 대류에 의해 순환하다 서로 마찰하여 전기를 띠게 됩니다. 얼음에서 전자가 나와 물방울로 이동을 하지요. 그렇게 전자를 얻어 (−)전기를 띤 물방울들은 무거워져서 구름 아래로, 전자를 잃어 (+)전기를 띤 얼음 조각들은 가벼워져서 구름의 위로 가게 되어 구름 전체가 대전(어떤 물체가 전기를 띰)되는 것이에요.

그런데 구름에 (−)전하가 너무 많이 쌓이게 되면 마주 보는 (+)전하의 땅으로 전자가 이동합니다. 이때 이동하던 전자가 공기와 부딪쳐 빛을 내는데 이것이 번개이지요.

이처럼 (+)전하로 대전된 물체와 (−)전하로 대전된 물체 사이에 전자의 이동이 일어나 전기가 사라지는 현상을 방전이라고 합니다.

이때 수반되는 전자의 이동을 전류라고 하지요. 번개의 전기량은 1회에 전압이 10억 V, 전류가 수만 A(암페어)에 달합니다. 만약 5,000A의 낙뢰라면 100W의 전구 7,000개를 8시간 동안 켤 수 있는 에너지인 셈이지요.

번개가 전기 현상이라는 것을 밝혀낸 사람은 미국의 정치가이자 과학자인 벤저민 프랭클린(Benjamin Franklin, 1706~1790)이었어요. 그는 1752년, 번개가 정전기 방전에 의한 전류일 것이라고 확신하여 전기가 흐르는 뾰족한 금속을 연에 매달아 하늘로 날렸어요. 번개가 이 금속 침으로 모인 뒤 연

줄을 따라 아래로 흘러와 연줄에 묶인 금속 열쇠를 통해 감전
되게 하는 것으로 전기임을 증명하였지요.

사실 이 연날리기 실험은 실제로는 매우 위험한 것이었습
니다. 1753년, 러시아 과학 아카데미의 유능한 물리학자였던
리히만은 상트페테르부르크에서 이와 비슷한 실험을 하다가
번개에 감전되어 죽기도 했지요.

하지만 프랭클린 덕에 피뢰침이 발명되어 사람들은 더 이
상 낙뢰를 두려워하지 않게 되었습니다. 지금도 높은 건물의
꼭대기에는 피뢰침이 있는데 전선으로 이것을 땅속에 연결
하여 번개가 쳐도 그 전기가 땅으로 흘러 사람과 건물에 피해
를 주지 않아요.

전하를 띤 두 물체 사이에 작용하는 쿨롱의 힘

마찰 전기는 흐르지 않고 고여 있는 정전기입니다. 이러한 정전기를 띤 물체는 서로 떨어져 있어도 힘을 작용하여 밀거나 당기는데, 이것은 전기력이 작용하기 때문입니다. 서로 떨어져 있는 자석들끼리 밀거나 당기는 것과 같은 이치이지요.

2개의 가벼운 공을 전기가 통하지 않는 명주실로 매달아 놓고 각각 다른 물체로 문질러 대전시켜 봅시다. 그러면 한 공은 (+)전하를, 다른 공은 (−)전하를 띠게 됩니다. 이때 두 공은 서로 가까이 달라붙게 됩니다. 그것은 서로 다른 부호의 전하에 의해 인력이 작용하기 때문이지요. 하지만 두 공이 멀리 떨어져 있으면 그 힘이 약해 붙지 않을 수도 있습니다.

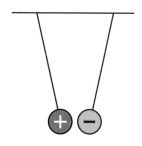 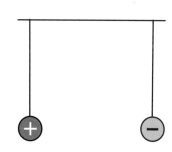

이번에는 두 공을 같은 물체로 문질러서 같은 종류의 전하를 띠게 해 봅시다. 그러면 두 공은 서로 벌어지게 됩니다. 같은 종류의 전하 사이에는 서로 밀어내는 힘이 작용하기 때문이지요.

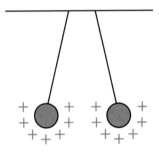 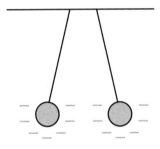

이처럼 같은 종류의 전하끼리는 밀어내는 척력이, 다른 종류의 전하 사이에는 끌어당기는 인력이 작용합니다. 전기를 띤 두 물체 사이에 작용하는 힘의 크기는 두 물체 전하량의 곱에 비례하고 거리의 제곱에는 반비례하지요. 이것을 쿨롱의 법칙이라고 합니다. 이 법칙을 발견한 프랑스의 전기 물리학자 쿨롱(Charles Coulomb, 1736~1806)의 이름을 따서 물체가 띠고 있는 전기의 양, 즉 전하량을 C(쿨롬)으로 나타냅니다.

과학자의 비밀노트

전하와 전하량

물체가 대전되어 전기적 성질을 띠거나 전류가 흘러 전구에 빛이 나는 현상은 전하라는 실체로 설명할 수 있다. 정전기나 전류뿐만 아니라 모든 전기 현상은 전하에 의해 일어난다. 전기와 같은 개념으로 사용하기도 한다. 전하는 양전하와 음전하로 나눌 수 있다. 예를 들어 원자를 구성하는 핵의 양성자는 양전하를, 전자는 음전하를 가진다. 이러한 전하의 양이 바로 전하량이다. 단위는 C(쿨롬)으로 도선에 1A의 전류가 흐를 때 1초 동안 전선을 통과하는 전하량을 1C으로 정한다.

정전기를 확인하는 검전기

물체가 대전되었는지, 즉 정전기를 확인하는 데에 쿨롱의 힘을 이용합니다. 이때 검전기라고 하는 장치가 쓰이는데 여러분이 가장 잘 아는 금속박 검전기는 바람의 영향을 피하기 위해 유리병 속에 두 가닥의 금속박을 늘어뜨리고, 뚜껑에는 금속 막대기를 꽂은 것이지요.

예를 들어, (−)전하를 띤 에보나이트 막대를 금속판에 가까이 대면 금속의 자유 전자는 같은 (−)전하를 띠었기 때문에 척력을 받아서 검전기의 금속 막대로 이동하지요. 그리고 금속 막대로 내려온 자유 전자들은 서로 반발하여 금속박을 벌어지게 만들어요. 이때 금속판은 에보나이트 막대에 의해 (+)전하를 띠게 되지요. 이처럼 대전체에 의해 금속이 (+)극과 (-)극으로 전하를 띠게 되는 현상을 정전기 유도라고 합니다.

에보나이트 막대

털가죽

대전체

금속판

금속박

이러한 정전기 유도에 의해 2장의 금속박이 벌어지는가로 물체의 대전 여부를 알 수 있고, 그 벌어진 각도로 대전된 전하량의 크기를 알 수 있지요.

이번에는 검전기를 이용하여 대전체에 대전된 전하의 종류를 확인할 수 있는 방법을 알아봅시다. 대전체를 가까이하여 정전기가 유도된 검전기의 금속판에 손을 대면 금속박으로 도망갔던 자유 전자가 손가락을 타고 땅속으로 멀리 도망가 버립니다. 그러면 검전기 전체는 (+)전하로 대전되게 됩니다. 이때 (-)전하를 띤 에보나이트 막대를 제거하여도 검전기는 여전히 (+)전하를 띠게 됩니다.

그런데 이 검전기에 같은 (+)전하를 띤 유리 막대를 가까이 하면 금속박에서 금속판으로 (−)전하를 띤 자유 전자가 끌려 올라와 금속박은 더욱 (+)전하를 많이 띠게 되어 더욱 벌어 지게 됩니다. 그러나 만약 (−)전하를 띤 에보나이트 막대를 가까이 하게 되면 (−)전하량의 크기에 따라 금속박이 약간 오므라들거나 오므라들다가 다시 벌어지게 되지요. 그래서 대전체 전하의 종류를 구별할 수 있는 것입니다.

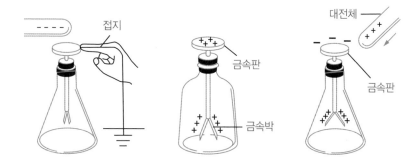

정전기 유도를 이용한 기전기, 전기 쟁반

1775년에 나는 이러한 정전기 유도 현상을 이용해 간단한 기전기를 발명하였습니다. 그것의 둥근 모양이 쟁반같이 생겼다고 해서 전기 쟁반이라고 불렀지요. 장치는 매우 간단해요. 전기가 통하지 않는 손잡이가 달린 금속판 B와 에보나이트 원판 A로 구성되어 있지요.

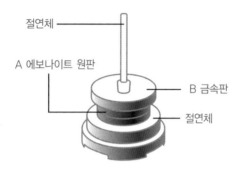

절연체 ─

A 에보나이트 원판 ─

B 금속판

절연체

먼저 A를 마찰하여 대전시키고 그 위에 B를 얹으면 정전기 유도로 B의 아랫면에는 A와 반대 전하가, 윗면에는 A와 같은 종류의 전하가 모입니다. 이때 B의 윗면에 손을 대서 한쪽 전하를 도망가게 하고, B에 남아 있는 반대 종류의 전하를 라이덴 병 같은 다른 도체로 옮기지요. 그동안 A의 대전 상태는 거의 변하지 않으므로 이 조작을 여러 번 반복함으로써 비교적 많은 전하를 모을 수가 있어요.

전기를 모으는 레이던병

정전기는 시간이 지나면 공기에 의해서 소멸되는 성질이 있어요. 그래서 발명된 장치 중의 하나가 레이던병이었습니다. 이 병은 네덜란드의 도시 레이던에서 이름을 따온 것인데, 네덜란드의 수학자이자 물리학자인 뮈스헨브룩(Pieter Musschenbroek, 1692~1761)와 독일의 폰 클라이스트(Edwald von Kleist, 1700~1748)가 각자 독자적으로 발명하였어요.

이 병의 원리는 절연이 잘된 유리병의 옆면 안팎과 밑면에 납이나 주석으로 얇게 금속박을 만들어 붙이고, 병마개의 중심을 통해 내부로 넣은 금속 막대 끝에 금속 사슬을 달아 밑면과 접속시킨 것이에요. 금속 막대 끝의 둥근 부분에 대전체를 가까이 하거나 금속 막대로 전하를 전달하면 정전기 유도에 의해 병의 안팎이 서로 반대 전하를 띠게 돼요. 하지만

절연물 뚜껑 — 도체

유리병

주석박

절연 유리로 분리되어 있어 전하는 도망가지도 못하고 서로의 인력에 붙잡혀 있어 전기를 저장할 수 있어요.

오늘날 이러한 장치를 축전기 또는 콘덴서라고 해요.

정전기와 우리 생활

쿨롱의 힘에 의한 정전기 현상은 우리 생활 주변에서도 많이 경험할 수 있어요. 하지만 가장 나쁘게 여겨지는 것이 겨울철 정전기에 의한 감전입니다. 정전기가 겨울에 더 심하게 발생하는 것은 습도가 낮기 때문이에요. 습도가 높으면 마찰이 일어도 정전기가 잘 발생하지 않아요. 아무튼 마찰에 의해 물체들이 대전되어 (+)전기와 (−)전기를 띠고 있으면 이들은 서로 끌어당기는 힘이 작용하지요.

특히 두 물체에 많은 전하량이 쌓여 있거나 거리가 가까우면 인력이 강하게 작용하여 전자가 직접 날아가 방전이 되는데, 이것이 번개나 전기 스위치의 스파크 그리고 겨울철의 옷 벗기 등에서 나타나지요.

이러한 전류가 우리 몸에 흐르면 그 세기에 따라 따끔한 자극에서부터 강한 심장 마비까지 다양한 증상이 나타나요. 다행히 우리가 옷을 벗을 때 나타나는 정전기는 매우 약하여 심장 마비까지는 일으키지는 않아요.

또한 (−)전하를 띤 물체 내부에서도 전자들 사이에 척력이 작용하여 서로 밀어내며 싸웁니다. 하지만 갈 데가 없어 그냥 고여 있지요. 그래서 전기가 통하는 물체를 이러한 정전기를 띤 물체에 대면 순간적으로 전자가 이동하며 전류가 흐르지요.

예를 들어, 겨울철에 도로를 오래 달린 자동차는 지면과의 마찰에 의해 (−)전기를 띠고 있어요. 그래서 차에서 내려 차문을 닫으려고 할 때 금속 손잡이에 정전기가 일어 깜짝 놀라게 되지요. 이때 우리 몸은 일종의 전선으로 차와 지면을 연결해 주는 전선의 역할을 합니다. 그래서 우리 몸을 타고 땅

으로 퍼져 서로 멀어지게 되어 전자끼리 싸우지 않아도 되는 거지요.

하지만 이 과정에서 사람이 놀라거나 다칠 수도 있으므로 이러한 현상을 막기 위해 자동차 배기관에 쇠사슬을 매달아 지면에 끌리게 하는 것입니다. 그러면 정전기가 쇠사슬을 타고 흘러 이동하므로 정전기를 예방할 수 있습니다. 이처럼 정전기가 발생하기 쉬운 곳에 전선을 달아 땅과 연결하여 감전을 예방하는 것을 접지(ground)라고 해요.

하지만 정전기는 우리 생활에 유용하게 쓰이기도 해요. 전자 복사기, 공기 정화기, 페인트 분무, 식품 포장용 랩 등은 모두 정전기를 이용한 것들입니다.

으악!

정전기가 일어났군요.

정전기는 왜 생기는 건가요?

중성 원자 속에는 양성자와 전자가 균형을 이루고 있는데, 전자 일부가 다른 곳으로 이동하여 균형이 깨질 때 정전기가 생기게 되지요.

전자

양이온

전자의 이동

음이온

전자

또한 전자가 이동하기 위해서는 에너지가 필요한데, 이것을 이온화 에너지라고 합니다.

이온화 에너지는 어떻게 얻나요?

이온화 에너지

이리 와

빛 에너지를 흡수하거나, 다른 강한 에너지를 띤 입자와 충돌하거나 높은 전압을 걸어 주는 방법 등이 있답니다.

아, 그래서 몸으로 마찰을 시켜 주면 정전기가 발생하는군요.

슥슥

예를 들어, 겨울철에 도로를 오래 달린 자동차는 지면과의 마찰에 의해 (-)전기를 띠게 됩니다.

아~, 그래서 차에서 내린 뒤 차문을 닫으려고 할 때 금속 손잡이에 정전기가 일어난 거군요.

으악~!!

맞아요. 이 과정에서 사람이 다칠 수도 있어요. 하지만 정전기는 우리 생활에 유용하게 쓰이기도 해요. 복사기, 공기 정화기, 페인트 분무, 식품 포장용 랩 등 많은 곳에 사용됩니다.

정전기는 좋은 점도 있고, 나쁜 점도 있군요.

2

흐르는 전기,
전류 이야기

화학 전지처럼 전선을 통해 흐르는 전기는 정전기와는 다른 특성을 가지고 있습니다.
전류의 발견, 전류를 발생시키는 힘, 전류의 세기 등에 대해 알아봅시다.

2

두 번째 수업

흐르는 전기,
전류 이야기

볼타가
아이들의 주의를 집중시키면서
두 번째 수업을 시작했다.

우리가 일상생활에서 사용하는 전기는 정전기일까요?

아닙니다. 우리가 사용하는 전기는 정전기와 다르게 흐르는 전기인 전류입니다.

전류란 바로 전하를 띤 입자의 흐름을 뜻하지요. 전류는 정전기보다 더 많은 일을 해요. 참 우스운 것은 전하의 본질이 밝혀지기 전에 전기 현상이 먼저 발견되었다는 것입니다. 그래서 불편한 점들이 많았어요.

전류의 발견

전하의 본질이 밝혀지기 전에는 도선을 통해 정전기가 이동하는 것을 전류라고 했습니다. 이러한 현상은 서로 다른 정전기를 띤 두 물체를 가까이 접근시키거나 전선으로 연결하여 방전시킬 때 관찰되었습니다.

전류는 눈에 보이지는 않지만, 공기 중으로 전류가 흐를 때 불꽃이 튀거나, 전류가 흐르는 전선의 끝에 손을 대었을 때의 찌릿찌릿한 느낌 등으로 확인할 수 있었습니다.

하지만 마찰 전기나 정전기 유도에 의해 발생되는 전류는 매우 짧은 순간만 흐를 수 있었어요. 그래서 내가 살던 1700년대 후반에는 이러한 전류를 어떻게 지속적으로 발생시킬 수 있을까가 중요한 관심사였습니다.

동물의 몸에서 발생되는 전류

1791년에 나의 선배인 갈바니(Luigi Galvani, 1737~1798)는 볼로냐 대학의 해부학 교수였기 때문에 개구리 해부를 자주 했어요. 그런데 어느 날 금속 칼을 개구리 다리와 금속 접시

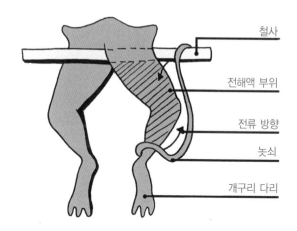

철사

전해액 부위

전류 방향

놋쇠

개구리 다리

에 걸쳐 놓았는데 개구리 다리가 전기에 감전된 것처럼 꿈틀거리는 것을 발견했어요.

그는 이 현상에 주목해서 여러 종류의 금속으로 실험을 반복한 결과 전선으로 연결된 철과 구리 조각을 개구리 다리의 근육 신경 조직에 접촉시켜 놓으면 전류가 흐른다는 사실을 발견했어요.

이 발견은 당시 정전기 현상에 관심이 많던 사람들에게 흐르는 전기인 전류 현상에 대한 관심을 가지게 하는 중요한 계기가 되었어요. 그러나 해부학자였던 갈바니 자신은 이것을 동물 전기 현상이라고 했어요. 동물 전기란 동물의 생체 조직에는 전기를 발생시키는 기관이 있는데 이것이 전기가 잘 통하는 금속과 접촉하면 방전하면서 전류를 발생시키는 것이라고 했어요. 즉 전기뱀장어처럼 개구리의 다리가 전기를 발생시키는 것이라고 생각한 거지요. 그 후 10여 년간 이 연구가 과학자들 사이에 선풍적인 인기를 얻어 개구리의 수가 엄청 줄었을 정도였지요.

볼타 전지의 탄생

그러나 나는 갈바니의 연구에서 이상한 점을 발견했어요. 같은 종류의 금속판을 이용하여 실험을 하면 전류가 흐르지 않았거든요. 그래서 나는 전기의 근원이 동물에 있는 것이

아니라 금속에 있다고 생각했어요. 다시 말해 개구리 다리에서 전기가 만들어지는 것이 아니라 종류가 다른 2개 금속의 연결에 의해서 전기가 만들어지며, 개구리 다리는 단지 전류가 흐르는 전선 역할을 한다고 생각했어요.

나의 이러한 주장은 1792년, 화학 작용을 통한 전류 생산에 처음으로 성공하면서 증명되었어요. 나는 개구리 다리 대신 소금물에 적신 종이를 이용하여 구리판과 아연판 사이에 번갈아 끼우고 여러 개를 겹쳐 쌓아 전류를 흐르게 하는 데 성공했어요. 이렇게 지속적으로 전류를 발생시키는 장치를 볼타 전지라고 이름을 붙였습니다.

도선에 흐르는 전류는 전자의 흐름

흐르지 않고 고여 있는 전기를 정전기라고 한다면 전류는 움직이는 전기, 즉 동전기라고 할 수 있지요. 나를 비롯한 내 시대의 과학자들은 전류가 도선을 타고 흐른다는 것을 현상으로 알았지만 사실 그것이 전자의 흐름이라는 것은 몰랐어요. 그것은 여러 사람의 노력에 의해 밝혀졌어요.

1859년 독일의 플뤼커(Julius Plücker, 1801~1868)가 음극

선 현상을 발견했어요. 음극선관은 유리로 만든 진공관 양 끝에 금속으로 만든 (+)극과 (−)극을 장치한 것입니다. 여기에 높은 전압을 걸면 전기가 흐르지요. 물론 전기나 전자는 눈에 보이지 않아요. 그래서 전자처럼 높은 에너지의 입자를 쪼이면 빛을 내는 형광 물질을 유리관의 (+)극 뒷부분에 발라 놓았어요. 그랬더니 높은 전압에 (+)극 뒤가 반짝이며 빛을 내는 것이었어요.

이것은 요즘 사용하는 텔레비전 브라운관 원리와 같아요. 텔레비전 화면에서 빛이 나오는 것은 전자총에서 나온 전자들이 가시광선을 내는 형광 물질과 충돌하기 때문이죠. 그런데 (+)극 금속판을 별 모양으로 만들어 세우니까 별 모양의 그림자가 생기는 것입니다.

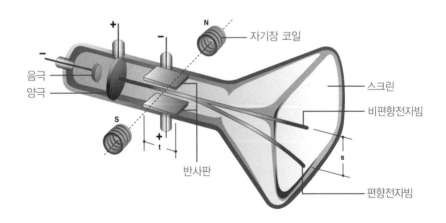

그래서 톰슨은 처음에는 전자인줄 모르고 (−)극에서 뭔가가 나와 (+)극으로 날아가 빛과 그림자를 만든다고 생각하여 음극선이라고 하였어요. 이것은 처음에는 매우 놀라운 발견이었지요. 여러분도 알다시피 전선이 연결되어 있지 않으면 전류가 흐르지 못하는 것으로 알고 있는데 높은 전압에서는 진공을 통해 전류가 흐르기 때문이었지요.

그 후에 그것이 음전하를 가진 입자의 흐름이라는 것이 히토르프(Johann Hittorf, 1824~1914)와 크룩스(William Crooks, 1832~1919)등에 의해 확인되었어요. 전기장을 음극선의 위아래로 평행하게 걸어 주니까 음극선이 (+)극판 쪽으로 휘었어요. 이것은 바로 서로 다른 부호의 전하 사이에 작용하는 인력 때문이지요. 그래서 음극선은 (−)전하를 띠고 있다는 것을 알았어요.

하지만 그 정체가 모든 물질에 공통적으로 포함되어 있으며, 전하의 최소 단위를 지니고 있는 입자인 전자일 것으로 추론한 것은 영국의 톰슨(Joseph Thomson, 1856~1940)이었지요. 1897년에 톰슨은 위의 2가지 실험 외에도 음극선의 성질을 조사하기 위한 몇 가지 실험을 추가로 하였어요.

그는 음극선이 흐르는 길에 가벼운 질량의 바람개비를 놓았어요. 그랬더니 이것이 빙글빙글 회전을 하는 것이었습니다. 여러분이 바람개비를 들고 달릴 때 바람개비가 빙글빙글 회전을 하는 것은 공기를 이루는 기체 분자들이 바람개비의 날개와 충돌해서 운동량을 전달해 주기 때문이지요.

마찬가지로 음극선이 바람개비를 돌리는 것은 음극선이 자신의 질량과 속도의 곱에 해당하는 운동량을 전달해 주기 때문입니다. 그래서 음극선이 (−)전하를 띠고 질량을 가진 알갱이라는 것이 밝혀지게 된 것이지요.

음극선이 전류의 본질인 전자였다는 결정적인 단서를 제공한 것은 플레밍의 왼손 법칙이었어요. 플레밍(John Fleming, 1849~1945)은 전선에서 발생하는 자기장과 영구 자석의 자기장이 상호 작용하여 가하는 힘의 방향을 왼손 법칙으로 정리하였습니다.

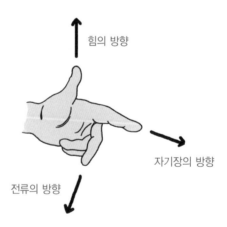

힘의 방향

자기장의 방향

전류의 방향

예를 들어, 전류가 흐르는 도선을 그림처럼 자기장의 직각에 위치시키면 엄지손가락의 방향으로 힘을 받아 전선이 위로 움직이지요. 음극선에 자석을 이용하여 자기장을 직각으로 걸어 주면 음극선이 힘을 받아 휘는데 그 방향이 문제였어요. 이 법칙으로 예측한 전류의 방향과 음극선 흐름의 방향이 반대였기 때문이죠.

사람들은 그동안 전류의 본질이 무엇인지도 모르면서 너무나 오랫동안 전류는 (+)극에서 (−)극으로 흐른다고 가정해 왔어요. 그런데 알고 보니 도선에 흐르는 전류는 (−)전하를 띤 입자의 흐름이었고, 그 방향은 전류와 반대 방향이었습니다.

그래서 음극선 입자를 전기 현상을 일으키는 입자라 하여 전자라고 부르게 되었어요. 하지만 전류의 방향을 전자의 흐름으로 고칠 수는 없었어요.

그래서 지금도 전류가 흐르는 방향과 전자의 이동 방향은 서로 반대인 것입니다.

자유 전자 때문에 전기가 통하는 금속

물질을 분류하는 방법은 다양하지만 전기를 통하는 성질에

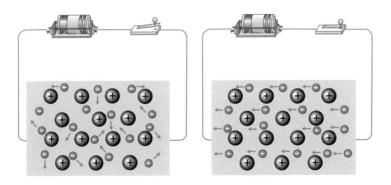

따라 도체, 반도체, 부도체로 나누지요. 가장 대표적인 도체로는 금속을 들 수 있지요. 그러면 금속에서는 어떻게 전류가 흐를까요?

금속을 이루는 입자는 금속 원자들입니다. 이들은 서로 금속 결합이라는 힘으로 붙어 있지요. 화학자들이 물질을 금속과 비금속으로 나누는데, 금속을 정의하는 기준은 이온화 에너지가 낮아서 전자를 쉽게 잃고 양이온이 잘되는 성질입니다. 그래서 금속 결합을 할 때도 일부의 전자는 원자를 벗어나 이웃 원자로 놀러 가고 양이온만 자리를 지키고 있지요. 그러면 전자가 놀러 간 이웃 원자는 순간적으로 음이온이 되어 양이온과 인력이 작용하게 됩니다.

이렇게 서로 이웃한 원자끼리 일부의 전자를 주고받으며 전기적인 인력을 작용하여 원자들이 결합하게 되는 것입니

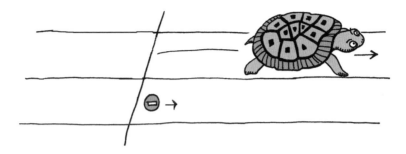

다. 이때 금속 원자를 벗어나 쉽게 다른 금속 원자로 이동하
는 일부의 전자를 자유 전자라고 합니다.

전기가 통하지 않을 때 자유 전자는 사방팔방으로 제멋대
로 돌아다닙니다. 그리고 양이온의 전하량과 전자의 전하량
이 같아서 금속 막대는 전기를 띠지 않지요. 그런데 전원에
연결하면 자유 전자들은 (-)전하를 띠고 있으므로 (+)극으로
인력을 받고 (-)극에서 척력을 받아, (-)극에서 (+)극으로 질
서 정연하게 이동하게 되지요. 이러한 자유 전자의 질서 정
연한 이동이 바로 전선을 흐르는 전류가 되는 것입니다.

그러면 자유 전자는 얼마나 빨리 이동할까요? 사람들은 스
위치를 켜자마자 전자 제품이 작동하는 것을 보고 전류가 빛
의 속도처럼 빠르다고 생각합니다. 그러나 전자의 이동이 빛
처럼 빠르지는 않습니다. 사실 보통의 회로에서 자유 전자는
거북이보다 느립니다. 건전지로 연결한 회로에서 꼬마전구

를 하나 켰을 때의 속력은 약 10^{-7}m/s 정도입니다.

이렇게 느린 속도에도 불구하고 스위치를 켰을 때 거의 순간적으로 불이 켜지는 것은 자유 전자를 움직일 수 있도록 하는 전기장이 거의 빛에 가까운 속도로 전파되기 때문입니다. 그러나 실제로 전자가 그렇게 이동하는 것은 아닙니다.

전류의 세기

전류가 (−)전하를 띤 전자의 이동에 의해 나타나는 현상이라면 강한 전류를 얻기 위해서는 도선에 많은 전자들이 이동해야겠지요? 왜냐하면 이동하는 전자 수가 많을수록 그것에 의해 운반되는 전하량이 증가하기 때문이지요. 그래서 전류의 세기는 다음의 식으로 표현됩니다.

전류의 세기 1A = 도선의 단면을 통과한 전하량 ÷ 통과한 시간

$$= \frac{1C}{1s} = \frac{(6.25 \times 10^{18} \text{개의 전자}) \times (1.6 \times 10^{-19} C/1 \text{개의 전자})}{1초}$$

1A는 도선의 단면을 1초당 6,250,000,000,000,000,000개의

자유 전자가 통과하는 전하량

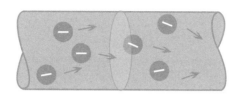

　전류의 단위로는 솔레노이드를 발명한 프랑스의 과학자 앙페르(Andre Ampere, 1775~1836)의 이름을 따서 암페어(A)를 사용합니다. 1암페어란 1초에 1쿨롬의 전하가 흐름을 뜻하지요. 그러나 1A는 매우 강한 전류입니다. 실제로 우리 몸에 감전을 일으켜 심장 마비로 죽게 하는 전류의 세기는 0.07A 정도의 전류라고 합니다. 대부분의 전자 제품은 몇 mA 정도의 전류에 의해 작동한다고 합니다.

저항과 전류의 세기

　그러면 전류의 세기는 어떤 조건에 따라 달라질까요? 전류는 자유 전자의 흐름을 방해하는 저항이 작을수록 세게 흐르지요.

　저항은 온도가 높을수록 커져요. 온도가 높아서 전자들이 높은 운동 에너지를 가지면 전압을 가해 줘도 한쪽으로 잘 이동하

"아휴, 어깨 아파.
좀 비켜줘요!"

"역시 넓은 길을 가니 편하군."

지를 않지요. 어린 유치원생들은 선생님의 말씀에 따라 줄을 맞추어 잘 따라다니지만 학년이 올라갈수록 통제하기 어려운 것과 비슷하지요.

또한 도선의 굵기가 굵을수록 전자들이 이동하기가 쉬워서 전류가 잘 흐릅니다. 좁은 복도를 여러 사람이 지나다니면 서로 부딪치고 싸우듯이 전자가 이동하는 도선이 가늘면 전자들끼리 부딪쳐서 잘 흐르지 못하고 열이 발생해요. 이러한 도선이 길면 더 통과하기가 힘들어지겠지요? 그래서 도선의 길이가 길수록 저항이 커져요.

하지만 가장 중요한 것은 물질의 종류예요. 어떤 것은 가늘어도 전류가 잘 흐르고, 어떤 것은 아무리 굵어도 전류가 흐르지 않으니까요. 금속과 같은 도체는 저항이 작아서 전류가 잘 흐르지만 비금속 부도체는 저항이 커서 전류가 흐르지 않아요.

전류를 발생시키는 기전력

전선에서 자유 전자를 강제로 이동시키기 위해서는 전원에 연결해야 합니다. 그러면 전원은 어떤 역할을 하는 것일까요? 전자의 흐름인 전류를 물의 흐름에 비유할 수 있습니다. 그러면 수도관에 물이 흐르게 하기 위해서 어떻게 해야 할까요? 펌프를 통해 수압을 만들어 주어야겠지요.

이처럼 도선에 고여 있는 자유 전자를 흐르게 하여 전류를 발생시키는 전원의 능력을 기전력이라고 합니다. 펌프의 역할을 하여 기전력을 발생시키는 장치가 전원이고, 펌프의 성능에 비유되는 기전력의 크기가 전압입니다. 전압의 단위는 자랑스럽게도 나의 이름을 따서 볼트(V)라고 하지요. 내가 볼타 전지 외에 전압계를 발명하기도 했기 때문이지요.

크고 강력한 펌프는 물을 대량으로 높은 건물의 꼭대기까

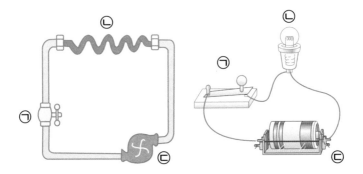

지 이동시킬 수 있는 것처럼 전압이 강할수록 강한 전류가 흐릅니다. 그래서 건전지를 직렬로 많이 연결할수록 꼬마전구의 밝기가 더 강해지지요.

전기 에너지를 실용적으로 사용하기 위해서는 기전력을 지속적으로 발생시켜 전류를 계속적으로 공급하는 것이 중요합니다. 그러한 방법은 화학 반응을 이용한 화학 전지, 빛 에너지를 이용한 태양 전지, 전자기 유도를 이용한 발전 등에 쓰입니다. 이들은 모두 다른 형태의 에너지를 이용하여 전자를 강제 이동하게 하여 전류를 발생시켜 전기 에너지로 전환시킨다는 공통점을 가지고 있지요.

직류와 교류

전류는 직류와 교류 2종류가 있습니다. 전류의 방향이 일정하여 (+)극과 (−)극이 고정되어 있는 전류가 직류입니다. 여러분이 학교에서 사용하는 건전지 회로는 직류를 이용한 것이지요. 내가 발명한 화학 전지도 모두 직류를 발생시키는 장치이지요.

교류는 전자기 유도를 통해 발전시킬 때 발생하는 전류를 말합니다. 자석에 의해 형성된 자기장을 도선으로 이루어진 코일이 회전하면 코일의 단면적을 통과하는 자기력선의 밀도가 변하면서 코일에 전류가 흐르게 됩니다. 코일이 $180°$ 회전할 때마다 전류의 방향이 바뀝니다. 이 코일의 1분당 회전수를 교류의 주파수라고 해요. 한국은 교류의 주파수가 60Hz이지요.

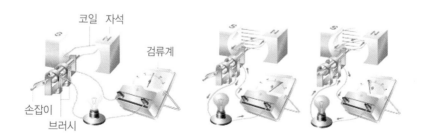

이러한 전자기 유도를 통한 교류의 발생을 발전이라고 합니다. 그런데 문제는 코일을 어떻게 회전시키는가인데, 코일을 회전시키는 동력을 얻는 방법에 따라 화력 발전, 수력 발전, 원자력 발전, 풍력 발전 등으로 나누는 것입니다.

교류도 전기 에너지를 가지고 있지만 실제로 우리가 사용하는 전자 제품의 대부분은 직류에서 작동한다고 합니다. 따라서 TV나 냉장고 등의 제품 안에는 교류를 직류로 전환하는 장치가 포함되어 있다고 합니다. 휴대용 카세트는 전지로도 작동하고 교류로도 작동합니다. 그것은 어댑터가 그 안에 들어 있기 때문이지요. 그런데 초소형 제품은 크기를 작게 하기 위해 어댑터를 별도로 만들어 지정된 것만을 사용할 수 있는 것입니다.

옴의 법칙

꼬마전구 회로에서 전압, 전류, 저항 사이의 관계는 옴 (ohm)의 법칙으로 불리는 다음 식으로 간단히 나타낼 수 있습니다.

전압＝전류 × 저항

$V = IR$

이것은 일정한 저항값을 갖는 회로에서 전류와 전압은 서로 비례한다는 것을 보여 줍니다. 즉, 건전지 2개를 직렬 연결하여 전압이 2배가 되면 전류의 세기가 2배로 커지기 때문에 꼬마전구의 밝기도 2배가 되는 것입니다.

그러나 전압을 일정하게 하고 꼬마전구를 2개로 직렬 연결하여 저항의 크기가 2배가 되면 전류는 반으로 작아져 각 전구의 밝기가 어두워집니다. 즉, 일정한 전압에서 저항이 클수록 작은 전류가 흐르는 것입니다.

선생님이 전지를 처음 만드셨다면서요?

네. 그래서 내가 만든 전지를 볼타 전지라고 합니다.

대단하세요. 그런데 어떻게 만들게 되신 건가요?

흐르는 전기인 전류 현상에 대한 관심을 가지게 된 계기가 있었답니다.

1791년, 갈바니라는 해부학 교수는 개구리 해부를 자주 했어요. 어느 날 금속 칼을 개구리 다리와 금속 접시에 걸쳐 놓았는데 개구리 다리가 전기에 감전된 것처럼 꿈틀거리는 것을 발견했지요.

꿈틀

이것을 보고, 갈바니는 동물의 생체 조직에는 금속과 접촉하면 방전하면서 전류를 발생시키는 동물 전기가 있다고 생각했답니다.

아~, 전기뱀장어같이 동물의 몸에서 전기가 나온다고 생각했군요.

맞아요. 하지만 나는 같은 종류의 금속판을 이용하여 실험을 하면 전류가 흐르지 않는다는 것을 발견했어요. 그래서 전기의 근원이 동물에 있는 것이 아니라 금속에 있다고 생각했어요.

이러한 주장은 1792년, 화학 작용을 통한 전류 생산에 처음으로 성공하면서 증명되었어요. 이렇게 지속적으로 전류를 발생시키는 장치를 '볼타 전지'라고 이름을 붙였습니다.

3

화학 전지의 기본 용어

화학 전지에서 사용되는 전해질, 금속의 반응성,
그리고 금속의 반응인 산화, 환원 반응에 대해 알아봅시다.

3

세 번째 수업

화학 전지의 기본 용어

볼타가
몇 장의 용어 카드를 준비해 와서
세 번째 수업을 시작했다.

모든 화학 전지의 기본 원리를 한 마디로 표현하라고 한다
면 산화 환원 반응이라고 말할 수 있습니다. 내가 만든 볼타
전지는 서로 다른 2종류의 금속을 전해질 용액에 담가서 산
화 환원 반응을 하게 만든 것입니다.

그러면 지금부터 화학 전지의 기본이 되는 몇 가지 용어에
대해서 알아봅시다.

전해질

 전기가 통하는 물질인 도체 중 가장 대표적인 물체는 자유 전자를 가진 금속 고체이지요. 하지만 어떤 물질은 물에 녹 았을 때 전류가 흐르는 성질이 있어요. 순수한 물은 전기가 통하지 않아요. 자유 전자를 가지지 않기 때문이지요. 하지 만 소금을 물에 녹이면 전기가 통해요. 이처럼 물에 녹아 전 류가 흐르게 하는 물질을 전해질이라고 해요. 왜 소금물에서 는 전류가 흐를까요?

 소금은 물에 녹으면 전하를 띤 이온을 내놓기 때문이에요. 원자가 전자를 잃거나 얻으면 전하를 띤 이온이 된다는 이야 기는 앞에서 했지요? 금속에서 전류를 흐르게 하는 전자와 마찬가지로 전해질 수용액의 이온들도 전하를 띠고 있기 때 문에 전기를 통하게 할 수 있어요. 전류란 바로 전하를 띤 입

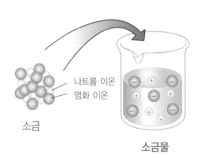

소금

나트륨 이온
염화 이온

소금물

소금물에 전원을 연결했을 때

(-)극   (+)극

자의 흐름이기 때문이지요. 금속에 있는 양이온은 움직일 수가 없지만 물에 녹은 양이온과 음이온은 물이 액체이기 때문에 이동할 수가 있어요. 그래서 전압을 걸어 주면 쿨롱의 힘에 의해 자신과 반대의 전기를 띤 전극으로 끌려가며 이동하지요. 이때 전류가 발생하는 거예요.

양이온 : (−)극으로 이동 = 전류의 흐름과 같은 방향
음이온 : (+)극으로 이동 = 전자의 흐름과 같은 방향

그러므로 전해질의 수용액에서는 이동하는 입자의 종류가 양이온과 음이온의 2종류가 되지요. 양이온은 전류의 방향과 같은 방향으로 이동하고, 음이온은 전자와 같은 방향으로 이동하는 셈이지요.

가장 대표적인 전해질로는 산, 염기 그리고 염이라고 하는

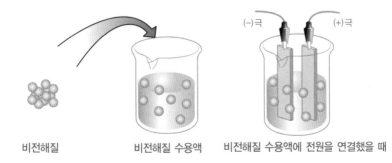

비전해질   비전해질 수용액   비전해질 수용액에 전원을 연결했을 때

금속의 화합물들이 있습니다.

그러나 설탕은 물에 녹아도 전기가 통하지 않아요. 그것은 설탕은 물에 녹아도 이온을 내놓지 못하고 분자로 남아 있기 때문이에요. 설탕처럼 물에 녹아도 이온을 내놓지 못하는 물질을 비전해질이라고 해요.

산화 환원 반응

산화 환원 반응의 가장 대표적인 것은 물질의 연소 반응입니다. 연소란 물질이 산소와 결합하여 빛과 열을 내는 현상이지요. 예를 들어, 휴대용 가스레인지에 사용하는 부탄가스의 연소를 생각해 봅시다. 부탄은 C_4H_{10}의 분자식을 갖는 물질입니다. 이것이 연소하면 탄소는 산소와 결합하여 이산화탄소가 되고, 수소는 산소와 결합하여 물이 됩니다.

이때 탄소 원자와 수소 원자처럼 어떤 물질이 산소와 결합하는 것을 산화라고 합니다. 반대로 어떤 물질이 산소를 잃는 것은 환원이라고 합니다. 예를 들어, 용광로에서 철광석(Fe_2O_3)을 코크스(C)를 이용하여 환원시키면 철(Fe)이 되고, 철을 환원시킨 코크스는 산화되어 이산화탄소(CO_2)가 됩니다. 하지만 이것은 매우 좁은 의미로 산화 환원을 정의한 것입니다.

넓은 의미의 산화 환원은 전자의 이동과 관련이 있습니다. 어떤 물질이 전자를 잃는 것을 산화, 반대로 전자를 얻는 것을 환원이라고 합니다. 그러면 산소와 전자는 어떤 관계가 있을까요?

산소 원자는 전기 음성도가 100여 가지 원소 중에서 두 번째로 큽니다. 이 말은 플루오르 다음으로 다른 원자의 전자를 잘 빼앗는 원소가 바로 산소라는 뜻입니다. 그러므로 어떤 물질이 산소와 결합했다는 것은 당연히 그 물질이 산소에게 전자를 빼앗겼다는 의미가 되기 때문에 산화되었다고 하는 것입니다. 반대로 어떤 물질에서 산소 원자가 떨어져 나가면 전자를 돌려 받기 때문에 환원되는 것이지요.

과학자의 비밀노트

전기 음성도

전자를 끌어당기는 능력을 수치로 나타낸 값을 전기 음성도라고 한다. 1932년 폴링(Linus Pauling, 1901~1994)은 전자를 끌어당기는 힘이 가장 큰 플루오르(F)의 전기 음성도를 4.0으로 정하고, 이 값을 기준으로 다른 원자들의 전기 음성도 값을 정하였다.

금속의 반응성

원자들이 전자를 욕심내어 **빼앗거나**, 욕심이 없어 잃는 성질은 원자의 종류마다 다릅니다. 전자를 잘 **빼앗아** 남을 산화시키기는 산화력이 강한 원소들은 주로 비금속입니다. 그리고 전자를 남에게 잘 주어 환원시키는 환원력이 강한 원소들은 주로 금속이지요. 특히 금속이 잘 잃어버리는 전자가 바로, 금속에 전류가 흐를 때 전하를 운반하는 자유 전자예요.

그런데 금속 원자들은 그 종류가 대단히 많아요. 그리고 금속 원자의 종류마다 전자를 잃는 성질도 차이가 있어요. 그래서 전자를 잃고 양이온이 되기 쉬운 금속 원자의 성질을 금속의 반응성이라고 하며, 그 순서를 정하여 편리하게 사용하는 것이 이온화 경향이에요.

그러면 이온화 경향의 순서는 어떻게 정할까요? 금속은 비금속에게는 금속의 종류를 가리지 않고 산화되므로 금속의

환원력 세기를 비교할 수가 없어요. 그래서 같은 금속끼리 패자 부활전을 시켜서 금속 내부의 순위를 정하지요.

예를 들어, 2개의 황산구리 수용액에 은못과 철못을 각각 담가 봅시다. 그러면 은은 아무런 변화가 없는데 철못은 점점 녹으며 붉은색의 구리가 매달리는 것을 볼 수 있어요. 왜 그럴까요?

이온화 경향의 순서를 보면 철〉구리〉은으로 나타나요. 이것은 철이 구리보다 전자를 잘 잃고 양이온이 되기 쉽다는 뜻이에요. 그런데 전해질인 황산구리 수용액에는 구리 이온이 들어 있어요. 철 원자와 구리 이온이 만났을 때 구리가 철보다 더 힘이 세서 철에게서 전자를 빼앗아요. 그러면 구리 이온은 다시 구리 원자가 되어 구리 금속이 되고 철은 전자를 잃고 철 이온이 되어 물속으로 녹아 들어갑니다. 그러므로 철이 구리보다 양이온으로 되려는 경향이 더 큰 것입니다.

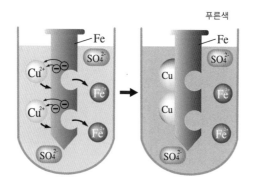

그런데 이온화 경향 순서를 보면 금속이 아니면서 유일하게 등장하는 원소가 있어요. 그것이 바로 수소예요. 수소는 전해질의 하나인 산(acid)이라고 부르는 물질에 공통으로 들어 있는데, 비금속 중에서 전자에 대한 욕심이 가장 없어서 양이온이 잘 돼요. 그래서 금속은 가끔씩 산 속에 들어 있는 수소 이온과도 전자를 놓고 쟁탈전을 벌여요.

　　만약 묽은 염산에 마그네슘 조각을 넣으면 수소 기체가 발생하고 마그네슘 판이 녹아요. 이것은 수소 이온이 마그네슘에게서 전자를 빼앗기 때문이에요.

　　그래서 이온화 경향 순서에서 수소보다 앞에 위치한 금속들은 묽은 산에 녹아 자신은 양이온이 되고 수소 기체를 발생시키는 성질이 있어요. 이온화 경향 순서에서 앞으로 갈수록

아세트산　　　　　　　　　　　　　염산

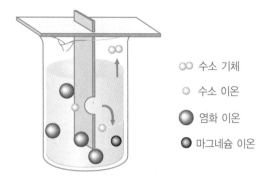

∞ 수소 기체
○ 수소 이온
● 염화 이온
● 마그네슘 이온

금속이 빠르게 녹고 수소 기체를 활발히 발생시키는 성질이 있어요. 이러한 성질을 반응성이 크다고 해요. 그렇지만 수소보다 뒤에 위치한 금속들은 묽은 산과 반응하지 않아요. 즉 수소에게 전자를 빼앗기지 않아 반응성이 작아요. 모든 금속이 전자를 잃는 성질이 있다고 하나 금속의 종류에 따라 그 경향성의 차이가 크답니다.

이처럼 산 또는 금속 이온이 녹아 있는 전해질 수용액에 금속을 담그면 산화 환원 반응을 하여 전자의 이동이 일어납니다. 이것을 잘 활용하면 화학 전지가 되는 것이죠.

다음 시간에는 최초이자 가장 기본적인 화학 전지인 나의 볼타 전지 원리를 공부해 보겠습니다.

모든 화학 전지의 기본 원리는 무엇인가요?

산화 환원 반응이라고 할 수 있지요.

산화 환원 반응이요?

그럼, 이해하기 쉽게 화학 전지의 기본이 되는 몇 가지 용어에 대해 말해 줄게요.

네!

물에 녹아 전류가 흐르게 하는 물질을 전해질이라고 해요. 예를 들면 전해질인 소금은 물에 녹으면 전하를 띤 이온을 내놓기 때문에 전류가 흐르게 됩니다.

2번의 산화 환원 반응이란 뭔가요?

1 전해질
2 산화환원반응
3 금속의 반응성

산화 환원 반응이란 어떤 물질이 전자를 잃는 것을 산화, 반대로 전자를 얻는 것을 환원이라고 하는데, 대표적인 것이 물질의 연소 반응입니다.

산소가 다른 원자의 전자를 잘 빼앗는 원소이기 때문이죠?

그렇습니다. 그리고 금속 반응성이란 금속 원자의 종류마다 전자를 잃는 성질에도 차이가 있는데, 전자를 잃고 양이온이 되기 쉬운 금속 원자의 성질을 말합니다.

칼륨 칼슘 나트륨 마그네슘 알루미늄 아연 철 니켈 주석 납 수소 구리 수은 은 백금 금

크다   작다

반응성

종합하면 전해질 수용액에 금속을 담그면 산화 환원 반응을 하여 전자의 이동이 일어납니다. 이것을 잘 활용하면 화학 전지가 되는 것이죠.

아~, 그렇군요.

e^-

(-)   전류   (+)

아연   구리

e^- e^- H^+ e^- H^+

Zn^{2+} e^- H^+

H^+ Zn^{2+} H^+ H^+

묽은 황산

4

볼타 전지

최초의 화학 전지인 볼타 전지의 원리를 통해
화학 전지의 기본 원리를 알아봅시다.

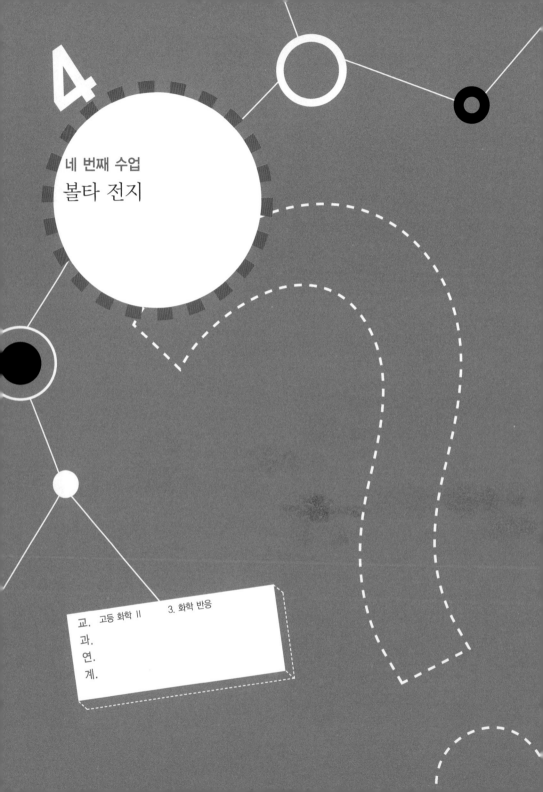

4

네 번째 수업
볼타 전지

볼타가 실험 수업을 준비하면서
네 번째 수업을 시작했다.

내가 개발한 볼타 전지의 원리는 200년이 지난 지금까지도 모든 화학 전지의 기본 원리로 응용되고 있습니다. 그래서 나의 볼타 전지가 어떻게 화학 에너지를 전기 에너지로 전환시키는지 그 원리를 알아보겠습니다.

서로 연결하면 전류가 발생하는 금속들

자, 여러분에게 지금부터 몇 가지 실험을 해 보이도록 하겠습니다. 여기에 묽은 황산 수용액을 담은 비커 2개가 있어요. 아연판과 구리판을 각각 준비했어요. 준비한 2개의 금속판을 각각 묽은 황산에 담가 보겠습니다.

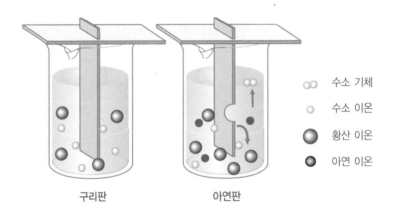

∞	수소 기체
○	수소 이온
●	황산 이온
●	아연 이온

구리판   아연판

구리판을 담근 비커에는 아무런 변화가 없네요. 그런데 아연판을 담근 비커에서는 수소 기포가 발생하며 아연판이 서서히 녹았어요. 그것은 여러분도 짐작하다시피 세 물질의 이온화 경향의 순서가 아연 > 수소 > 구리이기 때문에 아연은 황산의 수소 이온에게 전자를 주어 수소 기체를 발생시키며 산화되지만, 구리는 수소 이온에게 전자를 주지 않아 아무런 변화가 없는 것이지요.

이번에는 묽은 황산이 담긴 1개의 비커에 아연판과 구리판을 서로 접촉하게 엇갈려 담가 보겠습니다.

이번에는 아연판보다 구리판에서 수소 기포가 더 많이 발생하는군요. 왜 그럴까요? 구리가 갑자기 이온화가 잘 되는 금속으로 성질이 변한 것일까요? 그렇지는 않습니다. 아연이 아연 이온이 되면서 남긴 전자들은 아연판의 표면에 남아서 수소 이온과 반응해야 하지만 같은 (+)전하를 띤 아연 이온과의 반발 때문에 아연판에 잘 접근하지를 못해요. 더군다나 아연판에 남은 전자들끼리도 같은 (−)전하를 띠고 있어 반발력이 작용하여 서로 멀리 있으려고 하지요.

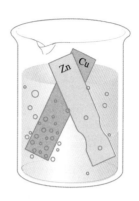

그렇지만 묽은 황산 속에 아연판 혼자 있을 때는 도망갈 데가 없었어요. 전자는 물속으로 헤엄을 치지 못하거든요. 그런데 구리판과 접촉하고 있으면 구리는 금속이라 전자가 마음대로 돌아다닐 수 있어 아연판에 있던 전자들이 구리로 옮겨 가요. 구리판으로 옮겨간 전자들이 아연 이온의 방해를 받지 않고 수소 이온과 만나 수소 기체를 발생시키는 것이지요. 구리는 아무런 변화가 없으면서도 구리판 표면에서는 수소 기포가 발생하는 것입니다.

그러면 이번엔 두 금속판을 분리하고 전선으로 연결하겠어요. 만약 두 금속 사이로 전자가 이동한다면(그 당시에는 그것이 전자의 이동인 줄 몰랐지만), 즉 전류가 흐른다면 전선을 통해서도 전류가 흐를 테니까요. 그리고 전류가 흐르는 것을 확인하기 위해 꼬마전구를 전선의 가운데에 연결하겠어요.

정말로 꼬마전구에 불이 들어오지요? 왜냐하면 전선은 기다란 구리판이나 마찬가지이기 때문이에요. 아연판에서 전자끼리의 반발력 때문에 도망치고 싶은 전자들이 할 수 없이 전선과 꼬마전구를 통과하면서 통행료를 내야 했어요. 그래서 꼬마전구에 불을 켜는 일을 한답니다. 이렇게 해서 최초의 화학 전지가 탄생했어요.

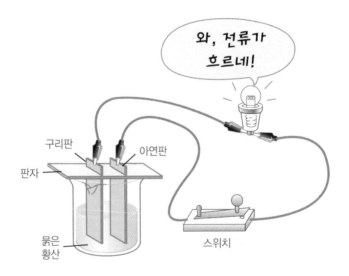

볼타 전지의 원리

볼타 전지에서 구리판은 수소보다 이온화 경향이 작아 반응을 안 하지만 아연판은 수소보다 이온화 경향이 크기 때문에 수소 이온에게 전자를 빼앗기고 아연 이온으로 산화가 됩니다. 그리고 전자들은 아연판에서 구리판으로 이동하지요. 구리판으로 이동한 전자는 수소 이온(H^+)과 결합하여 수소 원자로 환원시키고 수소 원자는 즉시 수소 분자가 되어 기포로 나옵니다. 전자가 흐르는 방향은 (+)극에서 (−)극으로 흐르는 전류의 방향과 반대입니다. 그러므로 전자가 나오는 아연판은 (−)극이 되고 전자가 들어가는 구리판은 (+)극이 됩니다.

그럼 전자가 아연판에서 구리판으로 이동하도록 하는 기전력은 왜 생기는 것일까요? 이것은 바로 두 금속의 반응성 차이, 즉 이온화 경향의 차이 때문입니다. 반응성이 서로 다른 금속을 전해질 수용액에 담가 연결하면 두 금속 사이로 전자의 이동이 일어나는데 이것이 볼타 전지의 원리입니다.

금속마다 원자의 종류가 다르고 그 원자에서 전자를 끌어당기는 인력의 차이가 이러한 이온화 경향의 차이로 나타나는 것입니다. 볼타 전지에서 이온화 경향이 큰 쪽의 금속은

전자를 잃고 산화되어 (−)극이 되고, 작은 쪽이 (+)극이 되어
전자를 받아 전해질의 양이온을 환원시킵니다.

(−)극 : 이온화 경향이 큰 금속 ⇒ 산화 반응
(+)극 : 이온화 경향이 작은 금속 ⇒ 환원 반응

그런데 왜 (+)극의 금속이 환원이 안 되고 전해질의 양이온
이 환원되는 것일까요? 그것은 금속은 음이온이 되지 않기
때문입니다. 금속은 전자를 잘 잃는 성질이 있어 양이온은
되어도 음이온은 되지 않습니다. 그러므로 금속이 하는 반응
은 원자가 전자를 잃고 양이온으로 산화되거나 양이온이 잃
었던 전자를 되찾아 원자로 환원되는 것이지요.

그러므로 구리 금속의 원자는 더 이상 환원될 수 없어 전자

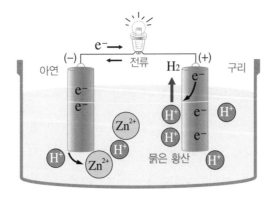

가 필요 없습니다. 그러나 전해질 수용액에 있는 양이온들은 원자가 되기 위해 전자가 필요하지요.

화학 전지의 기본 원리

화학 전지에서 전해질은 중요한 역할을 합니다. 전해질 속의 양이온은 금속보다 이온화 경향이 작아서 그 금속으로부터 전자를 빼앗아야 합니다. 그래야 전자의 이동이 일어날 수 있기 때문입니다. 그리고 두 전극을 이루는 금속은 서로 다른 종류여야 합니다. 만약 같은 종류라면 전자를 주고받는 능력이 같아, 즉 이온화 경향이 같아 두 전극 사이에 전자의 이동이 일어나지 않기 때문입니다.

화학 전지의 구조를 표시할 때는 다음과 같이 나타냅니다.

> (−)극 금속 ㅣ 전해질 용액 ㅣ (+)극 금속

볼타 전지는 다음과 같이 나타내지요.

> Zn ㅣ H_2SO_4 ㅣ Cu

화학 전지의 일반적 원리를 표로 정리하면 다음과 같아요.

전극	(-)극	(+)극
전극 금속의 이온화 경향	크다.	작다.
전자의 흐름	전자를 내놓는다.	전자를 받는다.
전류의 흐름	전류가 흘러온다.	전류가 흘러간다.
화학 반응의 종류	산화 반응	환원 반응
전기 화학적인 전극의 명칭	산화 전극(anode)	환원 전극(cathode)

볼타 전지의 전극과 전류의 세기

나는 왜 하필 아연과 구리로 전지를 만들었을까요? 내가 만든 전지는 아주 오랜 시간이 걸려서 완성된 거예요. 갈바니가 서로 다른 종류의 금속을 연결하면 전류가 흐른다고 하길래 정말 여러 종류의 금속을 가지고 실험을 했지요. 그러다가 같은 종류의 금속을 연결하면 전류가 흐르지 않는다는 것을 알고, 개구리 다리 때문에 전류가 흐르는 것이 아니라 금속의 종류가 달라서 전류가 흐른다는 것도 알게 되었고요.

아무튼 금속의 종류에 따라 전류의 세기가 어떻게 달라지는가 알아보기 위해 여러 가지 금속판(은, 구리, 납, 주석, 철, 알루미늄, 아연, 마그네슘 등)을 준비하여 다음과 같이 장치하였어요.

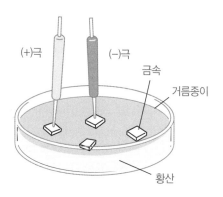

(+)극　(−)극

금속

거름종이

황산

　그랬더니 놀랍게도 어떤 금속을 전극으로 선택하는가에 따라 전류의 세기가 많이 차이가 났어요. 그런데 그것은 이온화 경향의 순서와 밀접한 관련을 맺고 있었어요. 두 금속의 이온화 경향의 차이가 클수록 전류가 강하게 흐르고 높은 전압을 얻을 수 있었어요.

볼타 전지의 두 전극

K	Ca	Na	Mg	Al	Zn	Fe	Ni	Sn	Pb	H	Cu	Hg	Ag	Pt	Au

(−)극　(+)극

　이온화 경향이 큰 금속은 전자를 잘 내놓아 산화가 잘되므로 (−)극이 되고, 작은 금속은 전자를 잘 내놓지 않아 (+)극이 돼요. 위 순서에서 선택된 두 금속이 멀리 떨어져 있을수록 전류가 세게 흘러요. 하지만 앞쪽의 칼륨부터 알루미늄까지는 내가 볼타 전지를 만들 때 사용할 수 없었던 금속이에요. 그것은 내가 만든 볼타 전지를 가지고 데이비가 전기 분해를 해서 겨우 발견된 금속들이기 때문이지요. 그래서 내가 그 당시 얻을 수 있는 가장 산화가 잘 되는 금속이 아연이었던 것이죠. (+)극으로 사용하는 이온화 경향이 작은 금속은 모두 일찍부터 사용된 것이지만 가격이 비싸기 때문에 싸고 풍부한 구리를 선택한 것이지요.

과학자의 비밀노트

데이비의 전기 분해

데이비 (Humphry Davy, 1778~1829)는 영국의 화학자로 전기 분해에 의해 처음으로 알칼리 및 알칼리 토금속의 분리에 성공하였다.

데이비는 전지를 사용하여 1807년에 수산화칼륨을 녹여 전기 분해를 하였다. 놀라운 일은 (-)극(cathode)에서 강한 빛을 내면서 불꽃이 솟아올랐고, 이때 만들어진 물질은 금속 광택을 가진 작은 구슬처럼 보였다. 그 중 약간은 폭발하여 불꽃을 내면서 타고 최후에 그 표면이 흰 막으로 싸였는데 이것이 바로 칼륨이었다. 그리고 데이비는 2, 3일 후에 같은 방법으로 나트륨을 발견하였다. 이어서 데이비는 바륨과 스트론튬을 분리하였으며, 그가 발견한 금속들을 이용하여 게이뤼삭, 뵐러 등의 과학자들이 붕소, 알루미늄 등의 원소들을 성공적으로 분리할 수 있었다.

볼타 전지의 약점, 분극 현상

볼타 전지는 그 놀라운 성공에도 불구하고 큰 약점을 가지고 있었어요. 처음에 두 극을 전선으로 연결하면 약 1.1V의 전압을 나타내지만, 얼마 후에는 전압이 0.4V 정도로 떨어져요. 그 원인은 구리판에서 발생한 수소 기체(H_2)가 구리판 주위에 붙어서 수소 이온(H^+)의 접근을 방해하기 때문입니다. 그러면 수소 이온이 환원되지 않아 전자가 소모되지 않으므로 전류가 잘 흐르지 못하게 됩니다. 이러한 현상을 분극이라고 합니다.

분극을 줄이기 위해서는 가끔씩 전극을 흔들어 수소 기포

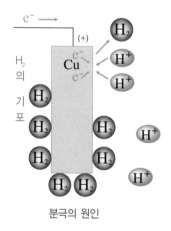

분극의 원인

를 털어내야 하니까 매우 불편했어요. 다른 방법으로는 감극
제라고 하는 화학 약품을 넣어 생성되는 수소 기체를 물로 만
들어 버리는 것이 있어요. 감극제는 소극제라고도 하는데 사
실은 수소를 산화시키는 산화제랍니다. 대표적인 감극제로
는 이산화망간, 과산화수소, 중크롬산칼륨 등이 쓰이고 있습
니다. 또한 전지를 사용하지 않을 때라도 (−)극의 아연판은
전해질과 반응하여 계속 산화되어 수명이 짧아지므로 오늘
날에는 사용하지 않아요.

과일 전지

　볼타 전지는 그 구성이 매우 간단하기 때문에 여러분도 즐
겨 먹는 과일을 이용해 쉽게 만들 수 있어요. 우리 한번 오렌
지로 아름다운 음악이 나오는 볼타 전지를 만들어 볼까요?
　오렌지 몇 개를 반으로 잘라요. 그리고 각 오렌지에 아연판
과 구리판을 각각 꽂아요. 그리고 서로 다른 오렌지에 있는 아
연판과 구리판을 그림처럼 연결하고 멜로디 키트를 연결하면
음악이 흘러나오지요. 멜로디 키트는 전지가 닳아서 소리가
나지 않는 음악 카드를 뜯어 보면 들어 있어요. 오렌지를 여러

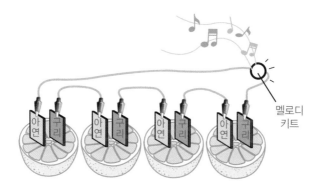

멜로디
키트

개 연결할수록 큰 소리가 나요.

이번에는 레몬을 이용해서 불을 켜 볼까요? 꼬마전구는 저항이 너무 커서 레몬 전지의 약한 전류로는 불이 잘 들어오지 못해요. 그러므로 문방구에서 발광 다이오드(LED)를 사서 만들어 봐요.

그런데 과일이 어떻게 전해질 용액의 역할을 할까요? 여러

분이 오렌지나 레몬 같은 과일을 먹어 보면 신맛이 나지요? 그것은 구연산이라고 하는 전해질이 들어 있기 때문이에요.

사실 모든 동물이나 식물의 세포에는 다양한 전해질 수용액이 들어 있답니다. 그래서 우리 몸에 강한 전압을 걸어 주면 전류가 흘러 감전이 되는 것이지요.

가장 오래된 바그다드 전지

전지의 시초를 갈바니의 발견이라고 하지만 얼마 전에 이라크의 수도 바그다드 교외의 호이얏트 랍뿌아라는 마을에서 흙으로 만든 단지가 발굴되면서 고대에도 전지가 있었을

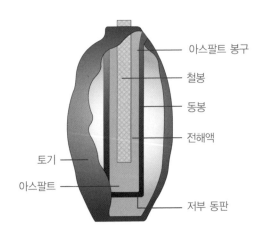

토기 ─
아스팔트 ─

아스팔트 봉구
철봉
동봉
전해액

저부 동판

것이라고 추정하고 있습니다. 발굴된 이 단지 모양의 전지는 약 2천 년 전의 것으로, 실제로는 전지가 아니라 금은 장식품의 도금용에 사용되었던 것으로 생각되고 있습니다.

이 단지는 전지와 동일한 구조로, 점토로 만들어진 작은 단지의 안에 얇은 동관을 끼우고, 중앙에 쇠막대기를 넣고 단지의 입구는 아스팔트로 막았습니다. 전압은 1.5~2V일 것이라고 추측되며, 전해액이 무엇인가는 확실하게 알려지고 있지 않습니다만 식초나 포도주 등이 쓰였을 것으로 짐작됩니다.

이렇게 볼타 전지를 통해 화학 전지가 어떻게 전류를 발생시키는지를 간단히 알아보았습니다. 그래서 다음 시간에는 볼타 전지의 약점을 개선한 다니엘 전지에 대해 이야기하겠습니다.

선생님, 오늘 전기 공사 때문에 저녁때 정전이 된다고 하네요.

그럼 우리가 전지를 만들어 불을 켜 볼까요?

그게 가능해요?

그럼요. 몇 가지 준비물만 있다면 전지를 만드는 것은 간단한 일입니다.

이게 다 전지를 만드는 재료들인가요?

네, 그래요. 여기 비커에는 묽은 염산이 들어 있답니다.

불이 들어와요.

아연은 수소보다 이온화 경향이 크기 때문에 수소 이온에게 전자를 빼앗기고 아연 이온으로 산화가 됩니다. 전자는 구리판으로 이동한 후 수소 이온과 결합하여 수소 원자를 환원시킵니다.

그러므로 이온화 경향이 큰 쪽의 금속은 전자를 잃고 산화되어 (−)극이 되고, 작은 쪽이 (+)극이 되어 전자를 받아 전해질의 양이온을 환원시킵니다.

오렌지는 어떠한 역할을 하는 건가요?

오렌지는 신맛을 내는 구연산이 들어 있어 전해질 역할을 해 줍니다.

아~, 그렇군요.

5

다니엘 전지

최초의 실용 전지가 바로 다니엘 전지입니다.
볼타 전지의 문제점을 개선한 다니엘 전지의 원리에 대해 알아봅시다.

5

다섯 번째 수업
다니엘 전지

볼타가 아이들과 함께
다니엘 전지를 만들어 작동시키면서
다섯 번째 수업을 시작했다.

　지난 시간에는 볼타 전지의 원리와 2가지 단점에 대해 이야기하였습니다. 하나는 수소 기체에 의한 분극 현상이 일어난다는 것이고, 다른 하나는 전지를 사용하지 않아도 방전이 일어나는 것입니다.

　이것을 해결한 최초의 실용 전지가 바로 다니엘(John Daniell, 1790~1845)이 1836년 발명한 다니엘 전지입니다. 이 전지는 비교적 장시간 쓸 수 있고, 전압의 변화나 불쾌한 기체의 발생이 없으므로 이전에는 전신용 전원으로 많이 이용되었으나, 현재는 몇 가지 불편한 점 때문에 사용되지 않고 있습니다.

다니엘 전지의 구조와 장점

다니엘 전지의 가장 큰 특징은 2가지의 전해질 용액을 사용하여 산화 반응과 환원 반응을 물리적으로 분리시키고 이동 전자를 외부로 끌어냈다는 점입니다. 이렇게 염다리 등으로 분리된 각각의 전극과 전해질을 반쪽 전지라고 합니다. 또한 전해질도 묽은 산의 수용액 대신에 금속 염의 수용액을 사용한 것입니다. 다니엘이 이렇게 전지를 만든 것은 볼타 전지의 약점을 보완하기 위해서였습니다.

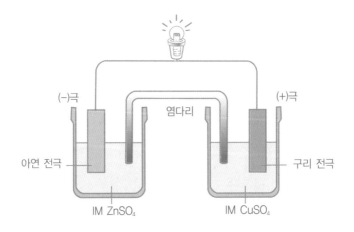

우선 산의 수용액 대신에 전극과 같은 금속의 양이온을 가진 전해질을 사용하면 전지를 사용하지 않고 있을 때에도 방전이 일어나지 않습니다. 볼타 전지에서는 회로를 연결하지 않아도 아연이 황산과 접촉하고 있어 계속적으로 산화가 일어납니다. 그래서 시간이 지나면 사용하지 않은 전지도 못쓰게 됩니다. 그러나 같은 금속끼리는 전자에 대한 욕심이 같기 때문에 서로 싸우지 않아 산화 환원 반응이 일어나지 않습니다. 그래서 회로를 연결하지 않으면 양쪽의 전극에서는 아무런 반응이 일어나지 않아 전지의 수명이 오래갑니다.

두 번째 개선점은 분극 현상을 사라지게 하는 것입니다. 볼타 전지에서 분극은 (+)극에서 환원된 수소 기체가 전극에 달라붙어 기포막을 형성하여 수소 이온이 전극과 접촉하는 것을 방해하기 때문이었습니다. 수소 이온이 전극에 접촉하지 못하면 전자를 얻지 못하여 환원이 안 됩니다. 그런데 다니엘 전지의 (+)극에서 환원되는 것은 수소 이온이 아니라 금속의 양이온입니다. 따라서 금속 이온이 환원되어 금속 고체가 되어 (+)극판에 매달려도 같은 금속이므로 전자를 잘 전달하여 계속적으로 나머지 이온이 환원될 수 있습니다. 즉 비금속 기체가 아니라 금속 고체가 생성되어 감극제를 쓰지 않아도 분극 현상이 사라진 것입니다.

염다리

다니엘 전지의 구조에서 독특한 점 또 한 가지는 염다리 (salt bridge)입니다. 전지에서 산화 반응이 일어나는 반쪽 전지와 환원 반응이 일어나는 반쪽 전지를 연결시키는 장치를 말하지요. 물론 외부 회로는 전선에 의해 두 금속 전극을 연결하고 있습니다. 하지만 2개의 전해질을 전선으로 연결한다고 전해질 속의 이온이 전선을 타고 이동할 수는 없기 때문에 염다리를 사용해야 합니다. 때로는 격막이라는 것도 사용하지만 원리는 모두 전해질의 이온이 이동하는 통로를 만들어 두 전해질 용액이 섞이지 않으면서도 회로가 연결되게 하는 데 있습니다.

실험실에서는 흔히 한천을 녹인 따뜻한 수용액에 질산칼륨 (KNO_3)또는 염화칼륨(KCl)을 포화 상태가 될 때까지 녹이고, 이 용액을 유리로 만든 U자 모양의 관에 넣어 냉각시켜서 염다리를 만듭니다. 한천은 젤리 같아서 높은 온도에서는 액체이지만 식히면 말랑말랑한 반고체 상태가 되지요. 그래서 한천 속에서도 양이온은 (−)극으로, 음이온은 (+)극으로 이동하여 전류를 형성할 수 있는 것이지요. 한천에 녹이는 염은 반쪽 전지의 전극 반응에 영향을 주지 않는 것을 사용해야 해요.

다니엘 전지에서는 황산아연 용액에 들어 있는 아연 막대와 황산구리(Ⅱ) 용액에 들어 있는 구리 막대를 도선으로 연결하고, 염다리로 두 용액을 연결해요. 이때 염다리는 아연과 구리 이온을 분리시켜 놓음으로써 이들이 전자를 직접 주고받지 못하게 하며, 염다리를 통해 이온이 이동함으로써 두 용액 사이에 전류가 흐르게 하는 것이지요.

다니엘 전지는 반응이 진행될수록 아연 이온은 증가하고 아연판의 질량은 감소하며, 구리 이온은 감소하고 구리판의 질량은 증가해요. 하지만 기체가 발생하지 않아 모든 물질이 전지에서 사라지지 않기 때문에 충전하여 다시 사용할 수 있어요. 하지만 매번 2가지의 전해질을 준비해야 하기 때문에 불편하지요. 그래서 요즘은 잘 사용하지 않는답니다.

전지를 사용한 전신기

전신기는 전기를 통해 문자를 주고받는 기계예요. 옛날에 전화가 없던 시절에는 서로 연락하여 소식을 전하려면 사람이 직접 가거나 봉화 같은 신호를 사용해야 했어요. 그런데 전신기가 발명되어 전선을 따라 전기 신호를 주고받으므로 어떠한 장소에서도 빠르게 소식을 주고받을 수 있었어요. 전선의 길이가 충분히 길면 아무리 먼 곳에서도 거의 빛의 속도로 전기 신호가 전달되기 때문이지요. 요즘은 광섬유가 개발되어 빛으로 신호를 전달하기는 하지만 지금도 이 원리는 거의 마찬가지랍니다.

1804년에 바르셀로나에서 발명된 최초의 전신기는 볼타 전지를 사용하였어요. 프란시스코 살바는 알파벳 수만큼의 볼타 전지를 병렬로 연결하고 그만큼의 전선을 길게 연결하여 먼 곳으로 보냈어요. 한 지점에서 원하는 단어를 전달하기 위해서는 해당 단어의 알파벳 순서로 전선을 연결하면 다른 지점의 볼타 전지들이 알파벳 순서로 반응이 일어나서 신호를 받게 되는 것이지요.

가장 많이 알려진 모스 전신기는 스위치를 누르는 시간을 다르게 하여 상대편에서 전기가 통하는 시간의 길이에 따라 부저의 소리 길이가 달라서 구별이 되었어요. 1838년에 개발되어 1843년에 실용화되었지요. 짧은 발신 전류(점)와 비교적 긴 발신 전류(선)를 배합하여 알파벳과 숫자를 표시한 모스 부호는 세계 공통이에요. 이 모스 부호는 1844년에 발명자 모스(Samuel Morse, 1791~1872)에 의해서 워싱턴과 볼티모어 사이의 전신 연락에 최초로 사용되었대요.

선생님이 만든 볼타 전지는 왜 오늘날까지 사용되지 않을까요?

볼타 전지에는 두 가지 문제점이 있었습니다. 바로 수소 기체에 의한 분극 현상과 전지를 사용하지 않아도 방전이 일어나는 것입니다.

이것을 해결한 최초의 실용 전지가 바로 다니엘이 1836년에 발명한 다니엘 전지입니다.

그럼 다니엘 전지는 그런 문제점이 없었나요?

네. 비교적 장시간 쓸 수 있고, 전압의 변화나 불쾌한 기체의 발생이 없었습니다. 하지만 현재는 사용되지 않고 있습니다.

다니엘 전지의 가장 큰 특징은 두 가지의 전해질 용액을 사용하여 산화 반응과 환원 반응을 염다리 등으로 분리시키고 이동 전자를 외부로 끌어냈다는 점입니다.

(-)극   염다리   (+)극

아연 전극   구리 전극

1M ZnSO$_4$ 1M CuSO$_4$

또한 전해질도 묽은 산의 수용액 대신에 같은 금속의 양이온을 가진 전해질을 사용하여 전지의 수명을 오래가게 하였습니다.

오래가는 전지를 만들었어!!

그리고 수소 이온이 아닌 금속의 양이온이 환원되어 수소 기체에 의한 분극 현상을 사라지게 하였습니다.

아~, 그렇군요.

화학 전지의 기전력

실용적인 전지를 만들 때 가장 중요하게 생각할 점은 무엇일까요?
화학 전지의 기전력은 어떻게 측정하며, 어떻게 계산하는지 알아봅시다.

6

여섯 번째 수업
화학 전지의 기전력

볼타가 다양한 방법으로
전지를 연결해 보이면서
여섯 번째 수업을 시작했다.

이제 우리는 화학 전지의 기본 원리를 알았습니다. 그렇다
면 실용적인 전지가 되기 위해서는 어떠한 조건을 만족시켜야
할까요? 화학 전지를 이야기할 때 빠지지 않는 것이 전압입니
다. 그러면 화학 전지의 전압은 어떻게 결정되며 유지될까요?

전지의 연결

여러분은 성능이 뛰어난 화학 전지를 만들기 위해 반드시 필요한 조건이 무엇이라고 생각하나요? 강한 전압과 전류, 긴 수명, 작은 크기……? 물론 이 모든 것이 다 중요합니다. 하지만 화학 전지의 역할이 무엇인가를 생각하면 답은 쉽게 찾을 수 있어요. 화학 전지는 전류를 지속적으로 공급하는 장치이지요. 그래서 무엇보다 중요한 것은 전류의 세기가 오랫동안 안정적으로 유지되는 거예요. 전류의 세기는 전압을 변화시킴으로써 해결되기 때문이죠.

옴의 법칙에 의하면 전류의 세기는 전압에 비례합니다. 그러므로 전압의 크기를 증가시키면 전류의 세기도 증가해요. 그렇지만 전지 하나만을 생각해 보면, 전류는 전지의 기전력 즉 전압에 의해 발생하는 것이므로 전류가 약하다면 전압도 약하다는 것을 쉽게 짐작할 수 있어요. 그러나 전지를 여러 개 연결한다면 이 문제는 간단히 해결할 수 있어요.

전지의 연결 방법에는 2가지가 있습니다. 하나는 한 전지의 (+)극과 다른 전지의 (−)극을 일렬로 계속 연결하는 직렬연결입니다. 전류를 흐르게 하는 전지의 전압은 수도관에 물을 흐르게 하는 물통의 수압에 비유할 수 있습니다. 물통을 위 아래로 포개어 높이 쌓으면 수압이 커져 짧은 시간 안에 물이 세게 흐르듯이, 전지를 직렬로 연결하면 전지의 수에 비례하여 전압이 강해지고 전류도 세게 흐르지만 전지를 사

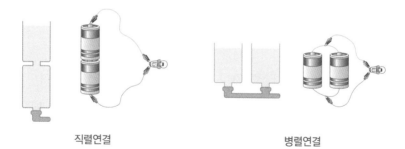

직렬연결   병렬연결

용하는 시간은 하나일 때와 같습니다.

또 다른 전지의 연결 방법은 전지들의 (+)극은 (+)극끼리, (−)극은 (−)극끼리 연결하는 병렬연결입니다. 물통을 그림에서처럼 옆으로 연결하여 물의 양은 많지만 높이가 낮아 수압은 물통 하나일 때와 같기 때문에 물의 흐름은 강하지 않습니다. 따라서 전지를 병렬연결하면 전류와 전압은 전지 1개와 같지만 전지의 수에 비례하여 전류가 흐르는 시간 즉 전지의 수명이 길어집니다.

그러므로 강한 전압과 전류를 얻고 싶으면 전지를 직렬로 연결하고, 수명을 연장하고 싶으면 전지를 병렬로 연결하면 됩니다. 여러분이 사용하는 손가락 모양의 원통형 전지는 1.5V이지만 네모난 사각의 전지는 그 용량에 따라 원통형 전지 4개가 직렬로 연결된 것이 6V, 6개가 직렬로 연결된 것이 9.0V입니다.

거꾸로 연결한 건전지

  1.5V 건전지 3개 중 하나를 거꾸로 하여 직렬연결하여 꼬마전구에 연결하면 불이 들어올까요? 건전지 1개를 연결할 때보다 약간 어둡기는 하지만 불이 들어와요. 건전지 1개가 반대로 향하고 있기 때문에 그곳에서 전류가 멈춰 버린다고 생각할 수도 있어요.

  하지만 건전지는 물의 흐름에서 펌프가 하는 역할을 하기 때문에 2개의 펌프가 물을 올리고, 1개의 펌프가 거꾸로 밀어 내린다면 결과적으로 펌프 1개가 물을 올리는 것과 같아요. 건전지로 말하면 건전지 1개의 전압이 걸리는 셈이죠. 물론 건전지 내부의 저항을 세 개나 통과하기 때문에 1개일 때보다 전류가 감소하여 꼬마전구의 밝기가 약간 어두워요.

어? 이상하네. 전구 불빛이 왜 이렇게 약하지?

건전지 한 개를 중간에 거꾸로 연결했네요.

정말이네! 그런데 건전지 하나를 거꾸로 연결하면 불이 안 들어와야 하는 것 아닌가요?

보통 건전지 한 개가 반대로 향하고 있다면 그곳에서 전류가 멈춰 버린다고 생각할 수도 있어요.

하지만 건전지는 물의 흐름에서 펌프가 하는 역할을 하기 때문에, 한 개의 펌프가 거꾸로 밀어 내린다 해도 두 개의 펌프가 있기 때문에 결과적으로 펌프 1개가 물을 올리는 것과 같아요.

그래서 불빛이 약한 것이군요.

그럼 전지를 연결하는 방식인 직렬과 병렬의 차이점은 뭔가요?

전류를 흐르게 하는 전지의 전압은 수도관에 물을 흐르게 하는 물통의 수압에 비유할 수 있습니다.

물통을 위아래로 포개어 높이 쌓으면 수압이 커져 짧은 시간 안에 물이 세게 흐르듯이, 전지를 직렬로 연결하면 전지의 수에 비례하여 전압이 강해지고 전류도 세게 흐르지만 전지를 사용하는 시간은 하나일 때와 같습니다.

그러면 전지를 병렬연결하면 전류와 전압은 전지 1개와 같지만 전지의 수에 비례하여 전지의 수명이 길어지겠군요.

네, 맞습니다.

7

실용적으로 쓰이는
전지들

건전지와 충전용 전지에는 어떤 원리가 이용되었을까요?
일회용 화학 전지와 충전용 전지의 종류와 원리를 알아봅시다.

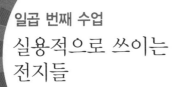

일곱 번째 수업

실용적으로 쓰이는
전지들

볼타가 전자 제품에서
건전지를 꺼내 보이면서
일곱 번째 수업을 시작했다.

볼타 전지는 분극 현상이라는 약점에도 불구하고 많은 과
학자들의 노력 덕택에 실용화되어 가장 널리 쓰이고 있는 전
지가 되었습니다. 이러한 볼타 계열 전지의 종류는 크게 1차
전지와 2차 전지로 구분됩니다.

1차 전지는 한 번 쓰면 다시 쓸 수 없는 일회용이고, 2차 전
지는 충전하면 다시 쓸 수 있는 충전용 전지입니다. 이러한 1
차 전지로는 망간 전지, 알칼리 전지, 수은 전지 등이 있으며,
2차 전지로는 니켈-카드뮴 전지, 니켈-수소 전지, 리튬-
이온 전지 등이 있습니다.

지금부터 우리 주위에서 가장 많이 쓰이는 볼타 전지 계열의 실용적인 전지들의 반응과 장단점을 소개하겠습니다.

실용적으로 쓰이는 1차 전지들

망간 전지

여러분이 가장 많이 사용하는 원통형 건전지를 망간 전지라고 부릅니다. 1877년에 프랑스의 르클랑셰(Georges Leclanché, 1839~1882)가 고안한 것으로 볼타 전지를 개량한 것입니다. 그 후 아연으로 밀봉된 통을 (−)극으로 하는 것으로 개량되었습니다. 전지의 외부에서 두 극을 도선으로 연결한 뒤 꼬마전구 등을 연결하면 전류가 흐르면서 불이 켜지는

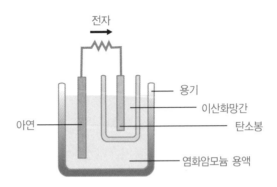

데, 이것은 건전지가 꼬마전구에 전기 에너지를 공급하기 때문이며, 이를 건전지가 방전하고 있다고 합니다. 건전지는 한 번 방전되면 다시 충전되지 않아 원래의 상태로 돌아가지 않는 1차 전지입니다.

망간 전지의 구조를 살펴보면 모양은 원통 또는 사각기둥이며, 바깥쪽은 (−)극 아연통으로 용기를 겸합니다. 원통의 가운데에 (+)극의 탄소봉이 있으며, 그 주위에는 이산화망간과 흑연을 섞어 반죽한 것을 압착시켜 놓았습니다. 이산화망간은 감극제로 쓰인 것이고, 흑연 가루를 섞은 것은 가루가 막대보다 표면적이 넓어 반응 속도가 빠르기 때문입니다. 그 바깥쪽에는 전해질인 염화암모늄의 수용액을 충분히 흡수시킨 펄프와 솜이 있는데 어떤 것은 전해질 수용액을 풀처럼 만든 것도 있습니다. 그냥 전해질 수용액을 쓰면 흘러넘치기 때문에 운반과 이동이 불편합니다. 그래서 망간 전지를 건전지(dry cell)라고 부릅니다. 위쪽에는 공기실이 있으며, 그 위를 아스팔트 피치(석유 화학 물질을 만들고 난 후 원유에서 남은 찌꺼기)등으로 채웁니다.

망간 전지의 반응은 볼타 전지와 매우 비슷합니다. (−)극에서는 아연 금속이 아연 이온으로 산화됩니다. 그러면 염화아연($ZnCl_2$)이 되지요. 볼타 전지와 다른 것은 전해질이 묽은 황

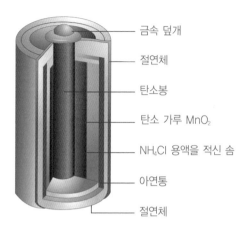

금속 덮개

절연체

탄소봉

탄소 가루 MnO_2

NH_4Cl 용액을 적신 솜

아연통

절연체

산에서 염화암모늄으로 바뀐 것입니다. 그것은 앞에서 말한 볼타 전지가 자가 방전하는 약점을 개선하기 위한 것입니다. 아연이 묽은 산과 접하고 있으면 도선으로 회로가 연결되지 않아도 산화 환원 반응이 일어나 아연을 부식시켜 건전지의 수명이 짧아집니다. 그런데 염화암모늄은 산성염이므로 묽은 산보다는 반응성이 작아 아연을 빨리 부식시키지 않습니다. 염화암모늄은 염의 가수 분해에 의해 약한 산성을 띱니다.

이때 소량씩 서서히 공급되는 수소 이온이 아연이 내놓은 전자를 받아 수소 기체로 환원됩니다. 그러나 수소 기체가 발생하면 건전지가 터질 수도 있고 분극 현상이 일어나므로, 이산화망간이 수소 기체를 물로 산화시켜 버립니다. 이렇게 하면 분극 현상도 막고, 아연의 부식도 막아 전지의 성능을 오래도록 유지할 수 있는 것입니다.

건전지는 휴대용 라디오, 카메라, 시계, 손전등, 무선 호출기, 장난감, 리모컨 등 그 용도가 매우 다양하지요. 또한 특수한 건전지로서는 보통의 건전지들을 얇게 만들어 직렬로 여러 개 연결한 적층 건전지(layer-built dry cell)가 있고, −20℃ 정도에서 전해액이 얼지 않게 만든 모노 메틸아민의 염산염 전지(−45℃에서 동결) 등의 내한 건전지가 개발되어 있습니다.

건전지의 단점은 내부 저항이 커서 수명이 짧다는 것입니다. 더군다나 충전이 안 되는 1차 전지이기 때문에 쓰레기 문제도 일으키지요. 아연이나 망간 같은 금속이 들어 있어 함부로 매립할 수도 없으니 골치입니다. 전지 안에 있는 아연을 식물이 흡수하면 철이 모자라게 되어 잎이 황백화되고, 사람이 흡수하면 피부가 나빠지고, 탈모나 구토 증세가 나타나므로 사용 후 처리에 주의해야 합니다.

알칼리 망간 전지

1882년에 개발된 것으로 알칼리 전지라고 불립니다. 이것은 건전지에서의 전해질을 염화암모늄(NH_4Cl) 대신에 강한 염기인 수산화칼륨(KOH)을 사용하기 때문에 염기라는 뜻의 알칼리 전지라고 불립니다. 강염기는 산보다 금속을 느리게

(+)극

이산화망간
탄소(+)극

금속통

아연 가루(−)극

수산화칼륨
(전해질)

(−)극

부식시키므로 아연판의 산화 속도를 느리게 하여 자가 방전
이 일어나지 않습니다. 따라서 건전지의 수명이 길어지지요.

알칼리 전지의 특징은 수명이 길다는 것입니다. 하지만 가
격은 일반 망간 전지에 비해 비쌉니다. 그리고 망간 건전지,
알칼리 전지 모두 일반용 가전기기에 사용되는데 그중 소모
전류가 적으면서 오랜 시간 사용하는 탁상시계, 리모컨 등은
망간 전지가 적절하고, 소모 전류가 큰 카메라, 장난감, 카세
트에는 알칼리 전지가 알맞습니다.

공기 전지

공기 전지(air cell)는 프랑스의 페리가 발명한 것으로, 기전
력이 1.45~1.50V이며, 망간 전지의 이산화망간 대신 감극제
로 공기 중의 산소 기체(O_2)를 사용합니다. (+)극에는 촉매

작용을 하는 특수한 활성 탄소를 써서 공기 중의 산소 기체를 흡착하고 이 중 일부가 분해하여 산소 원자로서 산화 작용을 일으키므로 감극 작용을 하는 것입니다.

이 반응에 필요한 산소를 공급하기 위해서 건전지의 구조는 아래쪽에 아연판, 그 위에 펠트 등의 절연체를 사이에 두고 다공성 탄소로 만든 (+)극이 있고, 위쪽은 공기 중에 노출되어 있습니다. 탄소에 흡착되어 있는 산소는 방전에 의해 급격히 소모되어 전압이 떨어지지만 산소가 소모됨에 따라 탄소는 공기 중에서 새로운 산소 기체를 흡착해서 보급하므로 그다지 크지 않은 방전 전류로 전압이 오랜 시간 거의 일정하게 유지됩니다.

공기 전지의 가장 큰 특징이라면 전압 변동이 적고 자기 방전이 적어 장시간 보관이 가능하다는 점입니다. 그리고 온도 차에 의한 전압 변동이 적고 내한, 내열, 내습성이 우수합니다. 그래서 장시간 안정을 요구하는 통신용 전원이나 보청기 등에 주로 사용됩니다.

특히 알루미늄-공기 전지는 공기 전지와 연료 전지의 혼합 형태로서 공기와 수산화나트륨 용액이 전극 주위를 흐르는 구조를 가지고 있습니다. 전지가 방전되면 알루미늄과 물이 소비되고, 수산화알루미늄이 생깁니다. 따라서 주기적으로 알루미늄을 교체하고 물을 넣어야 하며, 생성된 수산화알루미늄을 제거해야 합니다.

일반적으로 약 220kg 정도의 알루미늄-공기 전지를 소형 승용차에 사용하면 알루미늄을 교체할 때까지 약 4,800km를 달릴 수 있습니다. 그러나 400km마다 물 22L를 넣어 주고, 생성된 수산화알루미늄을 제거해야 한다고 합니다.

수은 전지

여러분이 가장 흔히 볼 수 있는 전지의 하나로 단추 모양으로 생겼습니다. 이것은 알칼리 전지의 감극제를 이산화망간 대신 산화수은으로 사용한 것입니다. (−)극으로 수은과 아연의 아말감, (+)극으로 산화수은 그리고 전해질로 수산화칼륨(KOH)을 사용하며 기전력이 1.34V입니다.

이 전지에서는 중금속인 수은이 생성되어 심각한 공해 문

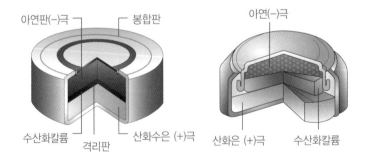

아연판(−)극 ── ── 봉합판   아연(−)극

수산화칼륨 ── ── 산화수은 (+)극   산화은 (+)극   수산화칼륨
격리판

제를 일으켜 생산이 중단되었으며 지금은 산화수은 대신 산화은(Ag_2O)을 사용하고 있습니다. 산화은 전지의 기전력은 1.55V입니다.

이 2가지 전지 모두 크기가 작고 수명이 길어 계산기, 손목시계 등에 사용됩니다.

실용적으로 쓰이는 2차 전지들

여러분은 건전지를 사용하면서 한 번 쓰고 버리기에 아깝다는 생각을 해 본 적이 있을 거예요. 과학자들도 그러한 생각 때문에 여러 번 충전해서 다시 쓸 수 있는 전지를 개발하기 시작했어요. 특히 1차 전지로 야기되는 중금속 토양 오염을 막기 위해서도 충전과 방전을 반복할 수 있는 2차 전지의 개발이 절실했지요.

2차 전지의 기원은 앞서 다룬 다니엘 전지입니다. 다니엘 전지는 화학 에너지가 전기 에너지로 바뀌는 방전 후에도 볼타 전지와는 달리 생성물이 반응계에 남아 있기 때문에 외부에서 전기 에너지를 공급하면 역반응이 일어나 처음 상태로 돌아가는 것이 가능하기 때문입니다. 다시 말해 2차 전지란

가역 반응에 의해 충전과 방전을 반복하며 직류 전류를 저장 또는 공급하는 것으로서 납축전지, 알칼리 축전지, 니켈-카드뮴 전지, 니켈-수소 전지, 리튬-이온 전지, 리튬-폴리머 전지 등이 있습니다.

납축전지

자동차용 배터리로 가장 잘 알려진 납축전지는 1859년 프랑스 과학자인 플랑테(Gaston Plante, 1834~1889)에 의해 최초로 발명되었습니다. 그 후 1881년 포레(C. Faure)에 의해 페이스트(paste)식 납축전지, 1883년 튜더(H. Tudor)에 의해 튜브형 납축전지, 1898년에는 클래드(clad)식 납축전지가 각각 개발되었어요. 특히 제2차 세계 대전 때 잠수함용 전원으로 성장하면서 이후 산업용 및 자동차, 전력 저장 시스템, 비상 전원용, 무정전 전력용 등으로 그 수요가 급증하고 있지요.

오늘날 가장 많이 사용하는 납축전지는 (+)극판에 클래드식 또는 페이스트식, (-)극판에 페이스트식 극판을 사용한 것입니다. 클래드식 극판은 납합금의 내산, 내산화성 재료로 만들어진 다공성 튜브 사이에 활성 물질을 충전시킨 것이고, 페이스트식 극판은 납합금의 격자에 활성 물질을 충전시킨 것입니다. 특히 페이스트식 활성 물질을 사용하면 급속 충전이 가능합니다.

납축전지는 플라스틱으로 만든 용기에 셀이라고 부르는 전지들이 3~6개 들어 있습니다. (+)극은 이산화납(PbO_2), (−)극은 납(Pb)을 사용하고, 전해액으로는 비중이 1.26~1.285인 38% 묽은 황산(H_2SO_4)을 쓰며, 두 극 사이에 격리판이 설치되어 있습니다.

(+)극판은 순납판 면에 홈을 만들어 표면의 넓이를 크게 한 다음 산화시켜, 이산화납의 얇은 층을 입힌 클래드형입니다. (−)극판은 납-안티몬 합금으로 된 창살 모양의 판에 납 산화물을 혼합한 페이스트를 붙이고 화학 처리를 하여 해면상의 납으로 만듭니다.

격리판은 양극과 음극 사이의 단락을 방지하기 위하여 두

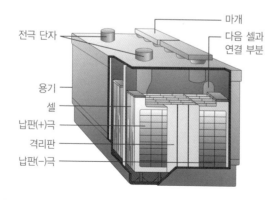

과학자의 비밀노트

납축전지

대개 셀 6개로 이루어진다. 각각의 다른 납전극을 2개씩 가지고 있는데, 판 모양으로 되어 있는 납전극은 플라스틱이나 고무판으로 분리되어 있다. 납전극 주위에 있는 황산이 전해질이고, 외부에 있는 전극 단자가 납전극에 연결되어 있다. 마개로 막아 둔 구멍으로 전해질에 물을 공급하며, 반응할 때 생긴 기체가 빠져나온다.

극 사이에 삽입한 것으로 산에 부식되지 않고 이온이 잘 통과해야 하며 튼튼해야 합니다. 그래서 목재, 유리 섬유, 다공성 에보나이트(경질 고무) 같은 재료가 주로 사용돼요. 전지통은 내산화성인 아크릴로니트릴 스타이렌(AS) 수지나 아크릴로니트릴 부타디엔 스타이렌(ABS) 수지 같은 합성 수지가 많이 이용됩니다. 납축전지의 기전력은 전해액 비중이 약 1.2∼1.3일 때 2.1V입니다.

납축전지에서 산화 환원 반응을 일으켜 전기 에너지를 발생시키는 과정을 방전이라고 하는데, 이 과정에서 두 극의 생성물은 모두 황산납이 됩니다. 이것은 흰색의 물에 녹지 않는 고체이기 때문에 방전할수록 두 극의 질량은 늘어나고 표면은 하얗게 변합니다. 또한 납축전지를 방전할수록 황산이 소모되고 물이 생겨서 황산이 점점 묽어져 용액의 밀도가 감소하다가 마침내는 전기를 일으키는 화학 반응이 멈추게 됩니다.

납축전지가 전기를 일으키지 못하게 되면 충전기로 다시 충전할 수 있습니다. 충전기는 강제로 방전 과정의 반대 방향으로 전자를 흐르게 해서 역반응이 일어나게 합니다. 방전 과정의 반대 방향으로 반응이 일어나면 전극 물질이 원래대로 바뀌고, 황산의 양도 다시 증가하여 충전된 축전지는 다시 전기를 공급할 수 있게 되지요.

자동차용 납축전지는 대개 2V 전지 6개를 직렬로 연결해서 12V를 공급합니다. 이 외에도 잠수함의 전력으로 사용되고, 병원이나 하수 처리 설비에서 정전에 대비한 비상 전력 공급 장치로 이용됩니다. 가격이 저렴하지만 무겁고, 부피가 크며, 추위에 약하므로 겨울철에는 사용이 불편합니다. 또한 완전 방전하면 안 되며 자신이 가지고 있는 용량을 100% 사용할 수 없습니다.

알칼리 축전지

충전이 가능하도록 만들어진 알칼리 축전지 역시 산화 환원 반응을 이용한다는 점에서는 일반 알칼리 건전지와 원리가 같습니다. 그러나 일반 알칼리 건전지에서 일어나는 산화 환원 반응이 비가역적인 반면, 축전지에서는 그 반응이 가역 적입니다. 쉽게 말해 일반 알칼리 건전지에서는 아연이 일단 아연 이온으로 산화되고 나면 그것이 다시 금속 아연으로 환 원되는 반응은 일어나지 않아요. 마찬가지로 망간 이온이 망 간으로 환원되는 반응의 역반응도 일어나지 않지요.

반면 알칼리 축전지에서는 다 쓴 전지에다 외부에서 역방 향의 전류를 걸어 주면 전류를 만들어 낼 때 일어났던 산화 환원 반응이 거꾸로 일어나 전지의 내용물을 원래대로 돌려 놓는 것이지요.

알칼리 축전지는 모두 (+)극에 수산화니켈을 사용하고 수 산화칼륨(KOH)을 전해질로 사용합니다. 그리고 (−)극에 철 을 사용한 에디슨 전지와 (−)극에 카드뮴을 사용한 융너 전 지로 나누어요. 일반적으로 융너 전지가 널리 사용되고 있 어요.

니켈-카드뮴 전지

지금부터는 가장 많이 사용하는 2차 전지인 니켈-카드뮴 전지에 대해서 알아보겠습니다. 여러분의 가정에서도 소형 진공 청소기, 전동 칫솔, 면도기 같은 소형 무선 전기 제품이나 노트북, 카메라, 충전식 완구 등에 들어 있는 이 전지를 쉽게 볼 수 있습니다. 수년 전까지만 해도 값이 싸며, 일반 건전지와 호환성이 있고 수명이 길어 500회 이상 재충전이 가능해 소형 2차 전지 시장의 대부분을 차지했지만 중금속 카드뮴의 환경 오염 문제 등이 부각돼 리튬 이온계 전지로 수요가 급속히 대체되고 있지요.

납축전지에 비하여 진동에 강하고, $-30 \sim -40\,℃$의 저온에서도 사용할 수 있으며, 자기 방전과 과충전 상태에서 금속판 산화가 일어나지 않아 수명이 길어요.

그러나 이 전지의 가장 큰 단점은 메모리 효과입니다. 메모리 효과란 완전 방전하지 않고 충전하면 전지의 용량이 점점 줄어드는 효과를 말합니다. 즉 배터리의 효율 저하라고 할 수 있습니다. 메모리 효과는 통신 위성에 탑재되어 있는 니켈-카드뮴 전지를 규칙적으로 충전과 방전을 반복했을 때, 추가로 충전된 분량의 에너지밖에 사용할 수 없게 되는 것으로 미국 NASA에서 처음 발견하였습니다.

전지를 충전 후 방전하여 사용할 때, 배터리의 전압이 충분히 저하되지 않은 상태에서 방전을 하지 않고 다시 충전을 하면 이전에 방전을 중지한 부근의 전압에서 전압의 하강세가 보통 때보다 심하게 나타납니다.

방전을 매회 같은 시점에서 중지한다면 이 현상은 더욱 심해집니다. 이후에 이 방전 시점보다 더 오랫동안 방전을 한다면 매회 방전을 중지한 부근에서 전압 거동이 일어나게 됩니다. 이같이 전지의 방전 경력을 기억해 두어 그 시기가 넘어가면 전압이 다운되어 버리는 현상을 메모리 효과라고 부릅니다.

이 메모리 효과가 발생되는 이유에 있어서는 여러 가지 설명이 있는데 아직까지는 명확하지 않습니다. 니켈로 만든 전지에서는 $Ni(OH)_2$에서 OH가 떨어졌다 붙었다 하면서 전하를 전달하는 현상이 바로 충전과 방전이라는 전기적 흐름으로 나타납니다.

그런데 짧은 충전과 방전을 반복하면, 즉 조금 사용하고 다시 충전하기를 반복하면 $Ni(OH)_2$는 Ni_5Cd_{21}의 합금을 형성하게 되는데, 이 합금의 형성은 비가역적인 반응이므로 한번 합금이 생성이 되면 다시는 반응하지 못하게 되어 남아 있는 용량을 사용하지 못하게 되는 것입니다. 따라서 니켈(Ni)을 포함하고 있는 전지는 100% 충전하였다가 완전히 바닥이 날 때까지 사용(단, 전지가 허용하는 방전 상태까지만)하는 것을 반복하는 것이 가장 잘 사용하는 방법입니다.

니켈-수소 전지

니켈-수소 전지는 니켈-메탈 수소 전지를 줄여 그렇게 부르는 것이며, 정확한 명칭으로는 니켈-메탈 하이브리드 전지라고 하며, (+)극 물질로 수산화니켈을, (-)극 물질로 카드뮴 대신에 수소 저장 합금을 사용하는 전지입니다. 전해액은 수산화칼륨의 알칼리 수용액을 사용합니다.

1990년 일본 산요와 마쓰시타가 처음으로 상용화해 1990년대 말까지 노트북 컴퓨터와 휴대 전화 등에 본격적으로 사용되기 시작했어요. 그래서 한동안 노트북 등에 주로 이 니켈-수소 전지를 썼지만 요즘은 거의 리튬-이온 전지를 사용합니다.

니켈-수소 전지는 통상 -20~60℃까지 사용 가능하고 자신의 용량만큼 사용 가능합니다. 단위 부피당 에너지 밀도는 니켈-카드뮴 전지에 비해 2배 가까운 에너지 밀도를 가지고 있어서 고용량화가 가능합니다. 니켈-카드뮴 전지에 비해 과방전과 과충전에 잘 견디며, 소형 경량화가 가능하고, 충전 및 방전 사이클 수명이 길어 500회 이상 충전, 방전이 가능하다는 특성을 가지고 있습니다.

니켈-수소 전지가 니켈-카드뮴 전지에 비해 용량이 크기 때문에 더 오랜 시간 사용할 수 있지만, 추운 곳에서는 니켈-카드뮴 전지가 훨씬 좋은 성능을 발휘합니다. 그래서 겨울철 야외에서 사용하는 경우나 추운 지역, 인공위성 등에서는 니켈-카드뮴 전지만을 사용합니다.

니켈-수소 전지가 추운 곳에서 성능이 매우 떨어지는 것은 온도에 따른 화학 반응 속도 차이 때문에 그렇습니다. 따라서 겨울철 실외에서 수소 전지가 제대로 작동하지 않는 경우에 다시 실내로 들어오거나 전지를 조금 따뜻하게 해 주면 다시 작동을 합니다. 온도를 높이면 반응 속도가 빨라져 제대로 작동하게 되는 것이지요.

니켈-수소 전지는 니켈-카드뮴 전지보다 자기 방전율이 1.5배 이상 높았으나 현재는 기술 발전으로 니켈-카드뮴 전지와 거의 동일한 단계까지 발전하였습니다. 그러나 급속 충전시 니켈-카드뮴 전지보다 높은 열을 발생하는 단점이 있습니다. 니켈-수소 전지는 메모리 효과가 없어 완전 방전보다는 얕은 방전이 효율적입니다. 그래서 배터리의 성능을 오랫동안 유지하려면 사용 후 배터리 잔량이 20~40%를 유지시켜 주는 것이 필수입니다. 즉, 배터리의 용량을 거의 다 사용했을 경우 충전하지 않고 그대로 보관해야 합니다.

니켈-수소 전지는 디지털 카메라, mp3 플레이어, 휴대 전화, 노트북, 소형 카세트, 핸디캠 등 수많은 곳에 사용되고 있습니다.

리튬－이온 전지

금속 리튬은 충전 및 방전 횟수가 늘면 효율이 떨어지고 반응성이 너무 커져 안정성 문제로 상용화되지 못했는데, 1991년 일본 소니가 탄소 전극을 (−)극으로, 리튬 이온을 (+)극으로 하는 리튬－이온 전지를 상용화했습니다. 전지의 기전력은 3.6V이고, 500회 이상의 충전 및 방전이 가능하며 같은 크기 안에 담을 수 있는 전기 용량이 최고입니다.

이 전지는 니켈－카드뮴 전지나 니켈－수소 전지보다 평균 방전 전압이 약 3배, 에너지 밀도는 1.5배 이상 높아 소형 대용량 배터리를 만들 수 있는 것이 가장 큰 특징입니다.

리튬－이온 전지는 (+)극 재료인 코발트 화합물의 부존량이 전 세계적으로 적어 제작 단가가 비싸고 대형 전지를 만들기 어렵습니다. 또한 배터리 안에 안정화 회로가 들어가야 하고 전용의 충전기가 아니면 폭발의 위험도 있습니다.

그러나 리튬－이온 전지는 메모리 현상이 없으므로 사용자가 임의대로, 주변 환경에 따라 수시로 충전하여 사용하여도 거의 수명에 영향을 미치지 않습니다. 오히려 조금 쓰고 충전하고, 조금 쓰고 또 충전하고 하면 할수록 Ni계 전지와는 정반대로 수명이 길어지는 효과가 있습니다. 이러한 이유 때문에 리튬-이온 전지가 Ni계 전지보다 훨씬 비싼데도 더 수요가 늘어나고 있는 것입니다. 요즘은 노트북, 캠코더, 휴대용 전화기, PDA 등 전지를 사용하는 거의 모든 제품에 사용하고 있습니다.

리튬-폴리머 전지

리튬-이온 전지와 화학적 구조는 거의 같지만 전해액을 개선한 전지입니다. 리튬-폴리머 전지는 액체 전해질보다 이온 전도도가 조금 낮은 겔(gel) 상태의 고분자 중합체(폴리머)로 전해액을 사용하여 전지가 파손되어도 발화하거나 폭발할 위험이 거의 없어 안정성이 높아진 것입니다. 그리고 겔은 액체와 고체의 중간인 젤리 같은 상태라 전해액이 흘러나오거나 샐 염려가 없으며 전지 형태를 자유롭게 만들 수 있어요.

그래서 외장 역시 단단한 금속으로 만들 필요가 없어, 원통형의 금속 캔 대신 납작한 알루미늄과 플라스틱 도포 필름을 사용하여 얇은 상자 모양이나, 1mm 이하의 초박형 전지 개발도 가능합니다. 이러면 두께뿐만 아니라 무게도 기존 전지의 30%까지 줄일 수 있습니다. 특히 제조 공정이 간단하여 대량 생산이 가능하며, 전기 자동차에 쓰일 만한 대용량도 만들 수가 있습니다.

최근 휴대 전화나 노트북 등에서 영화, 게임, 텔레비전 등 모바일 콘텐츠를 많이 이용하고, 캠코더, 카메라 폰이 등장하면서 휴대용 전자 제품의 전원 소모량이 늘어나면서 이 전지에 대한 수요가 급격히 늘고 있습니다.

리튬—이온 전지보다 용량이 작고 수명은 짧지만 얇고 가벼우면서도 안정적이어서 여러 형태로 만들 수 있고, 또 고용량이 가능하다는 것이 높은 인기를 누리는 주된 이유입니다. 쉽게 말해서 리튬—폴리머 전지 덕분에 얇고 작은 휴대 전화가 가능해지고 있는 것입니다.

건전지는 한 번 쓰고 버리는데, 핸드폰 배터리는 계속 충전해 쓸 수 있어서 참 좋아요.

핸드폰 배터리는 충전과 방전을 반복할 수 있는 2차 전지예요.

1차 전지를 버리면서 생기는 중금속에 의한 토양 오염을 막기 위해, 충전과 방전을 반복할 수 있는 2차 전지가 만들어졌지요.

그렇군요. 2차 전지에는 어떤 것들이 있나요?

2차 전지 개발

납축전지, 알칼리 축전지, 리튬-이온 전지, 니켈-카드뮴 전지, 니켈-수소 전지, 리튬-폴리머 전지 등이 있어요.

굉장히 많네요.

각각의 종류마다 장단점이 있어요. 자동차용 배터리로 잘 알려진 납축전지는 1859년 플랑테가 발명했지요.

아빠 차에서 본 적이 있어요.

배터리

자동차용 납축전지는 대개 2V 전지 6개를 직렬로 연결해서 12V를 공급하지요. 이 외에도 잠수함의 전력으로도 사용되고, 각종 시설이나 설비에서 정전을 대비한 비상 전력 공급 장치로 이용되지요.

네. 납축전지는 크기가 큰 것 같은데 무슨 단점이 있나요?

다음 셀과 연결부분
마개
전극단자
용기
셀
납판(+)극
격리판
납판(-)

납축전지는 가격이 저렴하지만 무겁고, 부피가 크며, 추위에 약해요. 또 완전히 방전하면 안 되고 자신이 가지고 있는 용량을 100% 사용할 수 없어요.

작게 만들수록 가격이 비싸지는군요.

8

미래의 전지

현재의 화학 전지들이 가지는 문제점을 개선한 미래의 대체 에너지,
연료 전지의 원리와 종류에 대해 알아봅시다.

미래의 전지

볼타가 빔 프로젝트를 이용해
화학 전지의 변천사를 보여 주면서
여덟 번째 수업을 시작했다.

화학은 끊임없이 진보하고 있습니다. 그 가운데 화학 전지의 경향성도 변화하고 있습니다. 그동안의 화학 전지는 아무리 다양한 형태를 띠어도 기본 원리는, 전해질 수용액에서 금속을 산화시키고 금속 이온을 환원시켜 전자의 흐름을 유도하는 것이었습니다.

그러나 이것이 자원의 고갈과 중금속 오염을 일으키자 화학자들은 그 대안을 모색하기 시작했습니다. 산화 환원 반응이 반드시 금속과 그 이온 사이에서만 가능한 것이 아니라는 것에 착안해서, 우리 주변에서 흔하게 구할 수 있고 그 생성

물이 해가 없는 비금속 공유 결합성 물질을 산화 환원시키려는 노력을 하고 있습니다. 그래서 요즘 각광받고 있는 미래형 전지가 바로 연료 전지입니다.

연료 전지라는 이름은 화석 연료를 사용하기 때문에 붙여졌습니다. 그러나 산소를 이용하여 직접 연소시키는 것이 아니라 전해질의 도움을 받아 간접적으로 산화시키는 것입니다. 어떠한 연료를 사용하는가, 어떠한 전해질을 사용하는가에 따라 연료 전지는 다양하게 분류됩니다.

먼저 알칼리 연료 전지라고 불리는 연료 전지를 통해 연료 전지의 공통적이고 기본적인 원리를 알아보겠습니다.

연료 전지

자동차는 석유나 가스를 연소시켜 동력을 얻습니다. 그런데 일반적으로 열효율이 좋은 자동차도 연소된 열량이 25%만 움직이는 데 사용되고 나머지 75% 정도는 그대로 낭비됩니다. 그리고 연료의 연소는 아황산과 산화질소를 내놓아 연소 생성물이 대기 오염을 일으키는 문제가 있었습니다. 연료 전지는 이러한 문제를 개선한 것으로 그 공정은 복잡하고 시

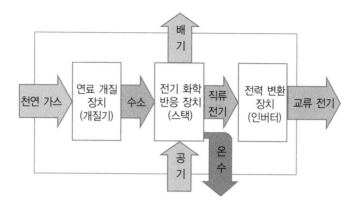

설 비용이 비싸지만 공해를 줄여 환경 친화적이고, 에너지 효율을 높인 전기 에너지 생산 방식입니다.

　연료 전지의 원리는 1839년 영국의 그로브(William Grove, 1811~1896)가 발견하였으나, 1950년대 후반에서야 사람들이 관심을 가지게 되었습니다. 그래서 1959년에 5kW의 수소-산소 연료 전지가 영국의 베이컨(F.T.Bacon)에 의해 성공함으로써 각광을 받게 되었어요.

　그 후 1960~1970년대에 걸쳐 제미니 및 아폴로 우주선에 연료 전지가 탑재되면서 그 관심은 더욱 폭발하게 된 것입니다. 우주선에서는 연료 전지를 통해 에너지만 얻는 것이 아니라 물까지 얻을 수 있어 연료 전지가 아주 유용했던 것입니다. 그러다가 최근에 에너지 위기와 공해 문제가 심각해지면서 다시 관심을 끌기 시작하여 대체 에너지로 주목

받고 있습니다.

　연료 전지는 화석 연료를 직접 연소시키는 대신, 분해하여 수소 기체를 생산합니다. 그리고 이 수소 기체를 공기 중의 산소와 산화 환원 반응을 시켜 전기 에너지를 얻는 것입니다. 연료 전지는 충전되지 않는 1차 전지입니다. 이 전지의 반응 과정은 다음과 같습니다.

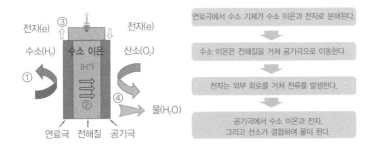

　이 전지의 전체 반응을 보면 수소 기체와 산소 기체가 반응하여 물이 되는 것입니다. 그러면 이것은 수소 기체를 공기 중에서 연소시키는 것과 마찬가지입니다. 그러나 전지 반응을 살펴보면 두 기체가 직접 반응하는 것이 아니라는 것을 알 수 있습니다.

　두 기체는 수산화칼륨 수용액에 의해 분리되어 있습니다. 그리고 각 기체가 수산화칼륨과 반응하며 산화 환원되는 것을 알 수 있습니다. 이 과정에서 외부 회로를 통해 전자가 이동하며 전기 에너지를 발생시키는 것입니다.

전지의 (−)극은 연료극이라 불리며 여러 가지 연료로부터 수소 기체를 공급받습니다. 전극은 다공성 탄소 전극을 사용하는데, 그것은 탄소 전극의 구멍을 통해 기체를 전해질과 접하여 화학 반응을 하게 하기 위한 것입니다. 탄소 전극을 통과한 수소 기체는 수산화 이온과 반응하여 산화되어 물이 되며 전자를 내놓습니다. 이 전자는 회로를 따라 (+)극으로 이동하며 전류를 발생시키지요.

그리고 전자는 공기극이라 불리는 전지의 (+)극에 도달하여 산소 분자에게 전달됩니다. 그러면 산소 분자는 물과 전자를 이용하여 다시 수산화 이온이 됩니다. 따라서 전해질의 수산화 이온은 반응을 도와주기만 할 뿐 소비되지 않습니다. 그러나 생성물로 물이 발생되어 전해질의 농도가 감소할 수 있으므로 발생하는 물을 증발시켜 제거해야 합니다. 다행히 고온 연료 전지의 경우 열이 발생하여 물의 증발을 도와줍니다.

그런데 연료 전지의 실용화가 어려운 것은 2가지 문제점 때문입니다. 하나는 수소 기체를 어떻게 얻느냐는 것입니다. 수소 원소는 지구에 물이나 탄소 화합물의 형태로 풍부하게 존재하지만 워낙 산화가 잘되어 수소 기체로 환원시키기가 어렵습니다. 그래서 탄화수소인 화석 연료를 분해하여 수소 기체를 발생시키려면 열에너지가 필요한데 그러면 에너지를 발생시키는 것이 아니라 소비하는 것이 되므로 경제성이 떨어집니다. 그래서 촉매나 미생물을 활용하여 연료를 쉽게 분해하는 것이 과제입니다.

어떤 이들은 지구상에 풍부한 물을 분해하면 수소 기체를 무한히 얻을 수 있다고 합니다. 그러나 이것 역시 현실적으로 어려운 이야기입니다. 물은 매우 안정한 화합물로 촉매와 더불어 많은 열에너지를 공급하거나 전기 에너지를 이용해야만 분해가 됩니다. 따라서 굳이 물을 전기 분해하여 다시 전기를 얻을 필요가 없는 것입니다.

또 한 가지 문제는 수소 기체의 저장과 운반입니다. 수소 기체는 끓는점이 −252.9℃로 매우 낮아서 온도를 낮춰 액화하기도 어렵고, 압력을 높여 액화시키려고 해도 폭발의 위험성이 매우 높아 가스통에 넣어 사용하는 것이 위험합니다. 그래서 사용하는 것이 수소 저장 합금입니다.

수소 저장 합금은 수소 기체를 특수한 금속의 합금에 흡착시켜 고체 형태로 저장 운반하다가 필요할 때는 약간의 가열로 분리시켜 사용하는 것입니다. 이에 대한 많은 연구가 진행되고는 있으나 아직은 실용성이 높지가 않습니다.

그러나 이 연료 전지가 관심을 끄는 이유는 물 이외에는 부

산물이 생기지 않아 공해가 없고, 에너지 효율이 매우 높으며, 기체의 흐름 이외에는 특별한 동력 장치가 없어 소음이 매우 적고, 발생하는 폐열을 활용하여 열병합 발전도 가능하다는 것입니다.

연료 전지의 종류

연료 전지에 사용하는 연료로는 수소 기체 외에 메탄과 천연 가스 등의 화석 연료를 사용하는 기체 연료와, 메탄올 및 히드라진과 같은 액체 연료를 사용하는 것 등이 있습니다. 이 중에서 작동 온도가 300℃ 이하의 것을 저온형, 그 이상의 것을 고온형이라고 합니다. 또, 발전 효율을 향상시키고, 귀금속 촉매를 사용하지 않는 고온형의 용융 탄산염 연료 전지를 제2세대, 좀 더 높은 효율로 발전을 하는 고체 전해질 연료 전지를 제3세대의 연료 전지라고 합니다.

앞에서 설명한 연료 전지는 가장 먼저 연구되고 대표적으로 알려진 알칼리 연료 전지입니다. 지금부터는 요즘 연구되고 있는 다양한 연료 전지의 특징과 장단점을 간단히 살펴보겠습니다.

인산형 연료 전지

최근 가장 실용화에 접근한 제1세대형 전지가 바로 인산 전해질 연료 전지입니다. 인산형 연료 전지 기술은 20년 이상 개발, 개선되어 왔습니다. 그리고 이것은 화석 연료를 분해한 수소 기체와 공기 속의 산소를 사용한 수소-공기 연료 전지입니다. 그런데 전기 생산을 위해 비교적 순수한 수소(70% 이상)를 요구합니다. 인산형 연료 전지 내의 전극은 탄소 지지체의 표면적 위에 촉매로서, 백금이나 백금 혼합물을 포함하고 있습니다.

인산형 연료 전지의 운전 온도는 약 200℃인데, 이것은 인산 전해질의 안정도를 위하여 허용되는 최대입니다. 이 기술로 현재까지 순수한 발전 효율은 40~50% 정도입니다. 이 수준보다 높은 효율을 얻기 위해서는 전지와 스택 구성품의 지속적인 개발에 의한 종합 시스템 제어에 의존하여야 합니다. 예를 들어 인산형 연료 전지의 반응이 발열 반응이므로, 연료 전지 반응시 반응열을 냉각시켜야 하며 이때 생성되는 반응열을 이용하여 열 병합 발전을 하면 효율을 70% 이상 높일 수 있습니다. 그래서 이 연료 전지 타입은 전 세계에서 병원, 개인 병원, 호텔, 사무 빌딩, 학교, 발전소, 공항 터미널,

심지어 쓰레기 매립지에도 사용되고 있습니다.

인산은 저온 연료 전지를 위한 전해질로서, 필요한 수명을 가진 유일한 물질로 알려져 있습니다. 인산이 낮은 이온 전도율을 가지고 있어도 그것의 안정도가 전류 상태를 증진시키는 전지 개발에 기여하였습니다.

수소 이온 교환 막 전지

이 전지는 100℃ 미만의 낮은 온도에서 작동되며, 높은 에너지 밀도를 가지고 있습니다. 따라서 자동차와 같이 필요에 따라 출력을 재빨리 바꾸는 장치에 적용됩니다. 이 전지는 적은 효율의 차량, 빌딩, 그리고 소형 충전 배터리를 대체할 자원이 될 수 있습니다.

수소 이온 교환 막은 수소 이온이 통과할 수 있는 얇은 플라스틱 판인데, 이 막은 양쪽 면이 백금과 같은 촉매 역할을 하는 금속 합금으로 코팅되어 있습니다. 수소 기체는 연료 전지의 (−)극에 있는 촉매 활동에 의해 원자가 분해되어 전자와 양성자가 됩니다. 전자는 산소 기체가 분해되는 연료 전지의 (+)극 면으로 전류의 형태로 이동하고, 그와 동시에 수소 이온이 (−)극 막을 통과하여 산소와 반응하면서 물이 되는 것입니다.

용융 탄산염 연료 전지

용융 탄산염 연료 전지는 전해질로 수산화칼륨 수용액을 사용하는 것이 아니라 낮은 녹는점의 탄산리튬과 탄산칼륨 고체 혼합물을 650℃의 높은 온도로 용융시켜 액체 상태로 만들어 사용합니다. 전극은 다공성 니켈로 만듭니다.

이렇게 높은 온도에서 전지가 작동하기 때문에, 그 열로 전지 내부의 탄화수소 기체를 개질(reforming)하여 수소와 일산화탄소를 만들어 연료로 사용합니다. 그래서 일산화탄소와 이산화탄소를 분리하는 공정을 필요로 하는 산 또는 알칼리 연료 전지 기술보다 초기 투자비가 30% 이상 낮고 시스템 설계가 단순해지는 장점이 있습니다.

그런데 용융 탄산염 연료 전지는 상업화하기 전에 내구성과 안정성을 개량할 필요가 있습니다. 그것은 운전 온도가 높아 정상 운전되는 동안 용융 탄산염 전해질의 증발로 인하여 양이 줄어들기 때문입니다. 그리고 전극의 부식성은 아직 개발에 중요한 애로점입니다.

고체 산화물 연료 전지

고체 산화물 연료 전지는 전해질을 단단한 금속 산화물 고체를 사용합니다. 그렇게 함으로써 액체 전해질을 사용하는 다른 연료 전지보다 효율이 60% 이상 증가됩니다. 그런데 고체가 이온 전도성을 갖기 위해서는 900℃ 이상의 고온이 필요합니다. 액체 전해질이 없으므로 전해질의 누출이나 전해질에 의한 부식이 없어 안정적이지만, 높은 온도에서 작동하므로 내구성 있는 재료를 선정해야 하는 어려움이 있습니다.

고체 산화물 연료 전지는 산업에서의 높은 동력 전달과 대규모의 전기 저장 발전소에 사용됩니다. 이 전지의 한 가지 형태는 고체 산화물로 기다란 튜브를 사용하는 것입니다. 그리고 다른 형태로는 압축된 평면판을 사용하는 것입니다. 현재 튜브 모양의 연료 전지 기술은 220kW를 생산한다고 합니다.

고분자 전해질형 연료 전지

자동차용 및 가정용 연료 전지로 사용되는 고분자 전해질형 연료 전지는 100℃ 이하의 작동 온도에서 수소 이온 전도도가 큰 고분자막을 전해질로 사용합니다. 액상의 전해질이 필요하지 않아 부식 문제가 없고, 작동이 용이하여 에너지 변환 특성과 전력 밀도 특성이 우수하지만, 고분자막 및 백금 촉매 등의 비싼 재료비가 문제입니다. 특히 백금 촉매는 일산화탄소에 의한 부식에 민감하므로 일산화탄소의 농도를 1,000ppm 이하로 유지하는 것도 어려움입니다.

고분자 전해질형 연료 전지 개발 사업은 인산형 연료 전지보다 약 10년이 뒤져 있지만, 인산형에 비해 저온에서 작동되며, 출력 밀도가 크므로 소형화가 가능하고, 기술이 인산형과 유사하여 응용 기술의 적용이 쉽기 때문에 현재는 고분자 전해질형 연료 전지의 이용 규모가 작을지라도 앞으로는 전기 또는 하이브리드 자동차에서 실용화의 가능성이 높습니다.

집적 메탄올 연료 전지

이 전지는 전해질로서 양쪽에 중합체 막을 사용한다는 점에서 수소 이온 교환 막(PEM) 전지와 비슷합니다. 그러나 연료의 개질기 대신 메탄올을 직접 전기 화학 반응시켜 발전하는 시스템입니다. 전해질은 이온 교환 막에 인산을 넣어서 사용하며, 작동 온도는 150℃로 비교적 저온입니다.

시스템의 간소화와 부하 응답성의 향상이 도모될 수 있는 장점을 갖고 있으나 반응 속도가 느려서 출력 밀도가 낮다는 점, 비싼 백금 촉매를 다량으로 사용해야 하는 점, 메탄올과 산화제가 고체 고분자 막을 통과하는 등의 단점이 있습니다.

재생 연료 전지

이 전지는 가장 최근에 개발된 연료 전지로서, 에너지와 물질의 순환이 가장 큰 특징입니다. 예를 들어, 물을 태양 전지를 이용하여 수소 기체와 산소 기체로 분해시킵니다. 그리고 분리된 수소 기체와 산소 기체는 다시 연료 전지로 들어가 물이 되면서 전기를 발생시킵니다. 즉 연료 전지의 연료를 계속적으로 재생하여 사용하는 전지입니다.

선생님, 요즘 각광받고 있는 미래형 전지인 연료 전지는 어떤 건가요?

연료 전지라는 이름은 화석 연료를 사용하기 때문에 붙여졌어요.

그러나 산소를 이용한 직접 연소가 아니라 전해질의 도움을 받아 간접적으로 산화시키는 것이죠.

그렇군요. 화학 전지를 연료 전지로 바꾸려는 이유가 뭔가요?

전자(e) 전자(e)

수소이온 (H⁺)

수소(H₂) 산소(O₂)

연료극 전해질 공기극

화학 전지는 금속을 필요로 하는데 자원의 고갈과 중금속 오염 문제가 발생하자 연료 전지로의 대체 방안에 대해 연구하기 시작했지요.

환경 오염의 문제가 있군요.

그런데 석유나 가스를 연료로 하는 자동차의 경우 낮은 열효율이나 열량의 낭비, 연료의 연소로 인한 대기 오염 등의 문제가 있어요.

자동차 매연은 정말 문제죠.

연료 전지는 이러한 문제를 개선한 것으로 공정은 복잡하고 시설 비용이 비싸지만, 공해를 줄여 환경 친화적이고 에너지 효율을 높인 전기 에너지 생산 방식이에요.

배기

천연가스 → 연료개질장치(개질기) → 수소 → 전기화학반응장치(스택) → 직류전기 → 전력변환장치(인버터) → 교류전기

공기 온수

좋은 것인데 왜 빨리 만들지 않죠?

두 가지 문제점 때문이지요. 하나는 수소 기체를 어떻게 얻느냐는 것이고, 또 하나는 수소 기체의 저장과 운반에 관한 문제지요. 이에 대한 해결 방안은 현재 연구 중이에요.

9

화학 전지의
올바른 사용법

화학 전지에 대해 우리가 알아 두어야 할 상식에는 어떤 것이 있을까요?
화학 전지에 관한 상식과 올바른 사용법에 대해 알아봅시다.

9

마지막 수업

화학 전지의
올바른 사용법

볼타가 조금 아쉬워하며
마지막 수업을 시작했다.

건전지와 축전지는 우리의 생활을 편리하게 해 줍니다. 그래서 해마다 그 사용량이 늘고 있습니다. 그렇지만 올바른 사용법에 대해서는 잘 모르는 경우가 많습니다. 그래서 지금부터 전지 사용에 대한 올바른 상식과 주의점을 이야기하겠습니다.

전지의 분류

전지는 크게 물리 전지와 화학 전지로 나눕니다. 화학 전지도 1차 전지와 2차 전지로 분류됩니다. 1차 전지는 화학 반응에 의해 얻어진 전기 에너지를 기기가 작동할 수 있는 마지막까지 사용한 후, 재사용이 안 되는 비가역적인 전지를 말합니다. 흔히 1차 전지를 건전지라고 하며 한 번 쓰고 난 후에는 버립니다. 2차 전지는 방전된 후 충전하여 다시 쓸 수 있어 충전지(rechargeable battery) 또는 축전지(storage battery)라고 부릅니다. 자세한 분류는 다음과 같습니다.

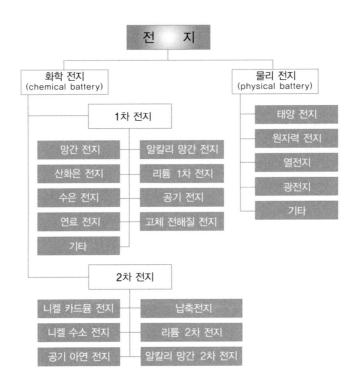

건전지 크기에 따른 일반 명칭

여러분은 건전지를 사러 가서 원하는 크기를 말할 때, "손가락 굵기요." 또는 "삐삐용 주세요."라고 말한 적이 있을 것입니다. 그러나 건전지를 들여다보면 크기에 따라 알맞은 기호가 쓰이고 있음을 알 수 있습니다.

우선 건전지는 재질에 따라 망간과 알칼리 전지로 나눕니다. 그리고 그 크기와 전압에 따라 다양한 기호를 사용하여 분류합니다. 한국은 국제 규격에 따른 표시법과 미국에서 알파벳을 이용하여 크기를 나타내는 기호를 동시에 표기하고 있습니다.

망간 : R20(DM), R14(CM), R6(AAM), R03(AAAM), 4R25(4FM),
　　　6F22(FC−1)

알칼리 : LR6, LR03

1.5V 전지는 A, B, C, D가 있습니다. 그리고 그것을 크기에 따라 세분하여 다음과 같이 표기합니다.

국제	R20	R14	R6	R03	4R25	6F22	LP6	LR03
한국	R20	R14	R6	R03	4R25	6F22	LP6	LR03
미국	D	C	AA	AAA	4FM	FC-1	AA	AAA

AAA 전지는 국제 기준으로 R03(알칼리: LR03)에 해당하는 것으로 지름 굵기가 약 10mm 정도의 전지를 말합니다. 리모컨, 전자사전, mp3 등에 많이 이용됩니다. AA 전지는 국제기준 R06(알칼리: LR06)으로 지름 14mm 정도의 굵기입니다. 라디오, 시계, 완구, 휴대용 카세트 등에 쓰입니다. C 전지는 국제 기준 R14로 지름이 25mm 정도이며, 탁상시계나 가스레인지의 점화 장치에 이용됩니다. D 전지는 국제 기준 R20으로 지름이 34mm 정도이며, 손전등, 녹음기 등에 사용됩니다.

그런데 4FM(국제 기준 4R25)은 굵은 사각형의 랜턴용 전지로 전압이 6V입니다. 또 다른 사각형 전지로는 크기가 매우 작은 9V전지로 FC-1(국제 기준 6F22)이 있습니다. 이것은 무선 마이크, 계측기 등에 사용됩니다.

2차 전지의 알맞은 용도

충전이 가능한 전지는 1차 전지에 비해 가격도 비싸고, 전압과 용량이 다양하기 때문에 자신이 사용하고자 하는 제품에 알맞은 것을 선택해야 합니다.

다음의 표는 각 기기의 용도에 어울리는 2차 전지를 알려
줍니다.

적용 분야		납축전지	니켈 카드뮴 전지	니켈 수소 전지	리튬 이온 전지 리튬 폴리머 전지
정보 통신	휴대 전화			●	●
	노트북			●	●
	PDA			●	●
	휴대용 프린터			●	●
	무선기		●	●	●
카메라	디지털 카메라		●	●	●
	캠코더		●	●	●
오디오	카세트 플레이어			●	
	CD, MD플레이어			●	
의료 기기	의료 기기	●	●	●	
	전동 휠체어	●	●		
	전동 안마기		●		
완구류	무선 완구	●	●	●	
	게임기		●	●	
소형 가전	무선 청소기		●		
	전기 면도기		●	●	
	전동 칫솔		●	●	
	계측기		●	●	
동력	전동 공구		●		
	마니카	●	●		
	전기 자전거	●	●		
	자동차 시동용	●			
	전기 자동차			●	●
	전동 지게차	●			
비상용	비상등	●	●		
	유도등	●	●		
	보안등	●	●		
	무정전 전원 장치(UPS)	●	●		

화학 전지와 환경 문제

화학 전지는 전극과 전해질로 금속과 그 화합물을 사용합니다. 따라서 다 쓰고 난 전지를 잘못 처리하면 심각한 수질 오염과 토양 오염을 일으킵니다. 특히 유기물과 달리 금속 이온은 분해되지 않기 때문에 그 피해가 오랫동안 심각하게 나타납니다.

이러한 오염의 과정은 다음과 같습니다. 폐전지가 땅속에 매립되어 그 통이 부식되면 그 속의 중금속이 흘러나와 토양을 오염시킵니다. 그 후 오랜 시간에 걸쳐 물에 씻겨 나가 하천이나 강물을 오염시키고, 수중 생물에 중금속이 농축됩니다. 시간이 흐르면서 수중 생물 최종 소비자인 인간 체내에 중금속이 농축되어 중독 증상이 나타납니다. 따라서 가장 심각한 피해는 결국 인간이 받게 됩니다.

그러면 이러한 중금속의 피해를 줄이는 방법은 무엇일까요? 우선 쓰레기가 발생하지 않노록 해아 합니다. 그러기 위해서는 일정 시간이 지나면 수명이 다하는 1차 전지보다 값이 조금 비싸더라도 2차 전지를 사용하여야 합니다. 그리고 전지를 구입할 때도 포장지나 표면에 표시된 성분을 확실히 읽고 환경 오염을 유발하지 않는 제품을 골라야 합니다. 그

리고 수명이 다한 전지를 버릴 때도 별도로 분리, 배출하여
알맞은 폐기물 처리 과정을 거치도록 해야 합니다.

전지 사용시 주의 사항

전지를 사용할 때는 다음과 같은 점을 주의해야 합니다.

첫째, 일회용 건전지는 충전하면 안 됩니다. 일부 이러한
기능을 가진 제품을 광고하는 행위가 있으나 화학적으로 비가
역 반응을 무리하게 일으키기 위해서는 많은 에너지가 소모되
어야 하므로 비경제적입니다. 쉽게 말해 건전지에 충전되는
전기보다 훨씬 더 많은 전기를 소모해야 하므로 손해라는 것
입니다.

그리고 한 번 쓰고 버리는 1차 전지는 설계 구조면에서 충
전용이 아니므로, 충전하면 전지 내부에 가스가 이상 발생하
여 내압이 상승하고 누액, 파손될 우려가 있습니다.

둘째, 다른 종류의 전지 또는 새 전지와 사용하던 전지를
혼용하면 안 됩니다. 전지에는 일정한 용량이 정해져 있습니
다. 그래서 충분한 양의 충전이 이루어지면 자동으로 멈추게
됩니다. 하지만 이 용량을 다 채운 후에 계속 전류가 흐르게

되면 전해질을 전기 분해하여 충전지에서는 뜨거운 열이 나게 됩니다. 이런 현상은 완전 충전됨을 알 수 없는 수동 충전기에서 자주 발생하는 현상이며, 자동 충전기에서는 서로 용량이 달라 알 수 없는 경우 일어날 수 있습니다. 그러므로 같은 회사 같은 용량의 전지를 사용하시는 것이 안전합니다.

셋째, 전지를 기기에 삽입시 양극, 음극 위치를 바르게 넣어서 사용해야 합니다. 2개 이상의 전지를 사용할 경우 그중한 개의 양극, 음극 위치를 바꿔 잘못 넣으면 전지의 기전력이 떨어져 전지 전체의 성능이 충분히 발휘되지 못합니다. 또한 직렬연결인 경우, 기기의 스위치를 끄면 거꾸로 들어간전지가 다른 전지를 충전하는 상황이 되므로 앞에서 말한 충전의 문제점이 발생할 수 있습니다.

넷째, 장기간 기기를 사용하지 않을 경우 기기에서 꺼내어별도 보관해야 합니다. 장기간 기기를 사용하지 않을 때는기기 내부에서 건전지를 꺼내어 별도로 보관하는 것이 좋습니다. 기기 단자와 접촉된 상태에서 기기를 사용하지 않고장기간 보관하면 내부의 화학 반응이 계속 일어나 건전지의수명이 짧아지고 누액이 발생하기도 합니다. 따라서 한 계절에만 사용하게 되는 에어컨 리모컨이나, 자주 사용하지 않는디지털 카메라 등의 건전지는 빼서 따로 보관하는 것이 좋습니다.

또한 사용하지 않는 중에도 전지가 금속 등에 접촉하지 않도록 해야 합니다. 전극에 금속이 닿으면 일시적으로 전류가 흘러 전지의 수명이 짧아질 수 있습니다. 따라서 동전, 못, 귀금속 등은 보관할 때 전지에 직접 닿지 않도록 따로 포장하여 보관해야 합니다.

다섯째, 건전지를 장기간 보관할 때는 건조하고 시원한 곳에 보관해야 합니다. 전지를 고열의 장소에 보관하거나 불 속에 던져 버리면 건전지의 전해질을 담은 통의 수지로 된 뚜껑이 녹아서 전해질이 세거나, 과도하게 온도가 올라가서 전지의 내압이 상승함에 따라 파열하여 폭발할 수 있으므로 위험합니다.

그리고 따뜻한 곳에서는 화학 반응의 속도가 빨라져 자가 방전이 일어나 건전지의 수명이 단축됩니다. 그러므로 건조하고 차가운 곳에 보관하는 것이 바람직합니다.

전지의 적정한 보관 조건은 온도 10~25℃, 날씨가 무더운 여름철에도 30℃를 넘어서는 안 되며, 극한 습도(95% 이상 또는 40% 이하의 상대 습도)에 전지를 장시간 방치하면 전지의 포장재에도 손실을 초래하므로 이런 상태를 피하도록 해야 합니다.

특히, 한여름에 전지를 차 안에 두면, 차의 실내 온도가 50℃ 이상이므로 전지 내부의 화학 반응이 급격히 작용하여 내부가 파괴되어 누액이나 파열이 발생할 수 있고, 폭파의 위험도 있습니다. 따라서 전지는 방열판이나 보일러, 또는 햇빛의 직사광선에 노출되지 않도록 보관해야 합니다.

여섯째, 건전지에 심한 충격을 가하거나 함부로 건전지를 분해해서는 안 됩니다. 건전지를 망치로 두들기거나 무리하게 전지를 분해하려고 하면 손에 상처를 입게 되거나, 전지 내부의 강한 염기성 전해질이 튀어 눈에 들어가거나 피부를 손상시킬 우려가 있습니다. 특히 어린이가 가지고 놀 경우 입으로 빨거나 삼킬 수도 있으므로 반드시 전지를 보관할 때에는 유아의 손이 닿지 않는 곳에 보관하고 어린이가 사용할 때에도 보호자의 주의가 필요합니다.

일곱째, 전지를 기기에 넣기 전에 마른 헝겊 등으로 기기나 전지의 단자 부위의 이물질을 제거해야 합니다. 전극이나 기기의 전극 접촉 부위가 오염되어 있으면, 접촉 불량으로 인해 기기가 정상적으로 동작하지 않을 수 있습니다. 그리고 땀이나 물기에 의해 건전지가 녹이 슬면 전지가 작동을 안 하거나 파손될 수 있습니다.

여덟째, 전지를 휴대할 때 무거운 물체에 의해 눌리지 않도록 주의해야 합니다.

여행이 잦은 여름철에 랜턴류에 삽입되는 전지를 배낭에 넣고 이동하는 경우 다른 혼합 물체에 의해 눌리면 단자에 흠이 생기거나, 변형이 발생할 수 있습니다. 특히 랜턴 전지(4R25)는 단자가 스프링으로 되어 있지만 변형 후 원형 복원이 되지 않으며, 기기와 접촉 불량으로 랜턴이 작동되지 않을 수 있습니다.

아홉째, 누액이 발생된 전지는 절대 사용이 불가하므로 어린아이들의 손에 닿지 않도록 즉시 폐기하며, 인체에 닿았을 경우 신속하게 물로 씻어 내야 합니다.

전지를 발명한 볼타

Alessandro Giuseppe Antonio Anastasio Volta, 1745~1827

　이탈리아 과학자 볼타는 전지의 원조인 볼타 전지를 만든 사람입니다.

　1791년 갈바니가 보여 준 유명한 '개구리 다리의 실험'을 보고 곧 동물 전기 연구에 착수합니다. 1792년 볼타는 그것을 생명 현상으로 취급될 것이 아니라 물질에서 찾아야 한다는 것을 통찰하고 동물 전기설을 비판했습니다. 이러한 생각에 입각하여 1794년에 금속 물질의 볼타 계열을 만들고, 이어 1796년에는 접촉 전기를 착상하였습니다.

　볼타는 두 개의 다른 금속을 소금 용액 내에서 접촉시킬 때 전류가 흐른다는 놀라운 사실을 발견하였습니다. 볼타는 여러 개의 소금 용액 그릇을 준비하여 전깃줄을 이 용액에 담고, 하나씩 순서대로 소금 용액 그릇을 서로 연결시켰습니다. 그리고 전깃줄 한쪽 끝은 구리판을, 또 다른 쪽은 아연판을 연결시켜 이 양끝을 접촉시키면 전류가 흐르게 했습니다.

그는 이것을 작은 원판으로 만들어 모양을 다듬었고, 소금 용액에 담긴 두 개의 다른 금속판을 판지 원판으로 분리시켰습니다. 이리하여 세계 최초로 편리한 전류원이 되었습니다. 나중에 이것은 볼타의 이름을 따서 볼타 전지라고 이름 붙여졌습니다.

볼타는 전기를 발생시키고 저장하는 전기 저장소, 즉 전지를 세계 최초로 발명함으로써 인류에게 지대한 공적을 남기게 되었습니다.

그 외에도 볼타는 전기를 모으는 레이던병의 작용에 관한 연구, 전기 쟁반 고안, 축전기 발명, 미량의 전기를 검출하는 검전기의 제작 등을 하였습니다.

볼타는 1801년에 나폴레옹 1세에 의해 초청받아 메달과 훈장을 받았으며, 그 후 오스트리아의 파도바에서 철학 학장을 맡고, 프랑스 정부로부터 레지옹 도뇌르 훈장을 받는 등 수많은 영광을 누렸습니다.

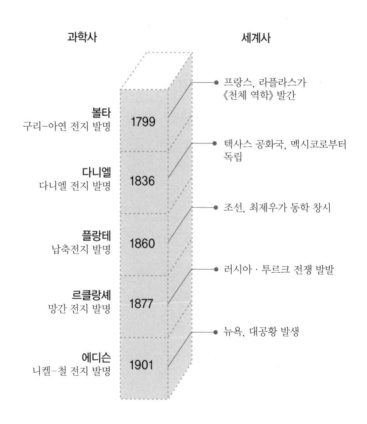

과 학 연 대 표
언제, 무슨 일이?

과학사   세계사

볼타
구리-아연 전지 발명   **1799**   ● 프랑스, 라플라스가
《천체 역학》 발간

다니엘
다니엘 전지 발명   **1836**   ● 텍사스 공화국, 멕시코로부터
독립

● 조선, 최제우가 동학 창시

플랑테
납축전지 발명   **1860**

● 러시아 · 투르크 전쟁 발발

르클랑셰
망간 전지 발명   **1877**

● 뉴욕, 대공황 발생

에디슨
니켈-철 전지 발명   **1901**

1. 물질은 원자로 이루어져 있습니다. (+)전하를 띤 ☐☐☐ 와 (−)전하를 띤 ☐☐ 로 구성되어 있습니다.

2. 같은 종류의 전하끼리는 밀어내는 척력이, 다른 종류의 전하 사이에는 끌어당기는 인력이 작용합니다. 전기를 띤 두 물체 사이에 작용하는 힘의 크기는 두 물체 전하량의 곱에 비례하고 거리의 제곱에는 반비례합니다. 이것을 ☐☐ 의 법칙이라고 합니다.

3. '전압=전류×저항'은 전압, 전류, 저항 사이의 관계를 보여 주는 법칙으로서 ☐ 의 법칙이라고 합니다.

4. 전자를 잃고 양이온이 되기 쉬운 금속 원자의 성질을 금속의 반응성이라고 하며, 그 순서를 정하여 편리하게 사용하는 것을 ☐☐☐ ☐☐ 이라고 합니다.

1. 원자핵, 전자   2. 쿨롱   3. 옴   4. 이온화 경향열

연료 전지는 대부분의 다른 에너지 변환기보다 효율이 훨씬 높습니다. 연료 전지는 볼타 전지와 같은 1차 전지와 유사하여 화학 반응에 의해 전자가 한쪽 전극에서 방출되고 외부의 회로를 통과하여 다른 쪽 전극으로 이동하게 됩니다.

그러나 축전지에서는 전극 내에 반응 물질이 포함되어 있어서 반응이 진행되면서 반응 물질이 화학적으로 변환되어 점차 소멸되지만, 연료 전지에서는 액체나 기체의 형태로 연료가 한쪽 전극에 계속 공급되고, 다른 쪽 전극에는 산소나 공기를 외부로부터 계속 공급해 주기 때문에, 축전지보다 훨씬 오랜 시간 동안 전기를 생산할 수 있습니다.

제2차 세계 대전 이후 실용적인 연료 전지와 축전지의 개발에 관한 관심이 매우 커졌습니다. 신기술에 의해 개선의 가능성에 대한 확신, 군사용이나 항공 우주 계획에서 필요성이 증대, 발전소와 내연 기관에 의한 대기 오염을 줄이려는 적극적인 노력의 결과로, 1960년대에 연료 전지에 대한 연구가 가속화되었습니다.

현대의 연료 전지 대부분은 다공성 금속이나 탄소를 전극으로 사용하며 저온에서는 반응 속도를 일정 수준까지 증가시키기 위해 촉매를 사용합니다. 어떤 시스템은 필요한 연료와 산화제를 저장하고 조절할 수 있으며, 발생하는 열과 반응 생성물을 제거할 수 있는 기능도 갖추고 있습니다.

이러한 시스템 중 산소와 수소를 이용하는 두 가지가 미국 유인 우주선의 주요 전력원으로 사용되었습니다. 미래에 우주 여행에 사용하기 위해서는 태양광 발전기나 원자력 발전기가 더 적합하다고 생각되고 있으며, 역과정으로 수소와 산소를 재생산할 수 있는 연료 전지는 보조 장치로 사용될 것입니다.

수소·산소 연료 전지는 지게차와 소형 자동차의 전원으로 실험적으로 사용되고 있습니다. 연료 전지를 상업적으로 사용하기 위한 여러 가지 시험적인 시도가 있었으나 지금까지 특별히 성공한 경우는 없습니다. 그러나 메탄올로 작동하는 연료 전지는 텔레비전의 중계국이나 항해용 부표에 전력을 공급하는 등 제한된 용도로 사용되고 있습니다.